젊은 전원주택 트렌드 2

젊은
전원주택
트렌드 2

ⓒ 홈트리오(주)

2020년 1월 10일	지은이	이동혁, 임성재, 정다운
초판 1쇄 발행	편집	김 철
	일러스트	김풀잎
	표지	김정훈
	주소	경기도 성남시 분당구 운중로 141, 경창빌딩 6층 홈트리오(주)
		전화_ 1522 - 4279 / 팩스_ 031 - 709 - 6788
		전자우편_ hometrio@naver.com / 홈페이지_ www.hometrio.kr
	펴낸이	이기봉
	펴낸곳	도서출판 좋은땅
	주소	서울 마포구 성지길 25, 보광빌딩 2층
		전화_ 02 - 374 - 8616 ~7 / 팩스_ 02 - 374 - 8614
		전자우편_ gworldbook@naver.com / 홈페이지_ www.g-world.co.kr
	ISBN	979 - 11 - 6435 - 943 - 1 [13590]

이 도서의 국립중앙도서관 출판예정도서목록(CIP)은 서지정보유통지원시스템 홈페이지(http://seoji.nl.go.kr)와 국가자료공동목록시스템(http://nl.go.kr/kolisnet)에서 이용하실 수 있습니다. (CIP제어번호 : CIP2019049570)

젊은 전원주택 트렌드2

건축가
이동혁 . 임성재 . 정다운 지음

좋은땅

HOME TRIÖ
월간 홈트리오

For You

To. 행복한 집 짓기를 기다리는

에게

이 책을 선물합니다.

인사말

안녕하세요. 이동혁, 정다운, 임성재 건축가입니다.

전원주택 집짓기 시리즈의 네 번째 책이 드디어 출간되네요. 매번 글을 쓰고 기획모델을 발표할 때마다 "우리의 고민이 건축주님께 전달되면 좋겠다."라는 생각을 합니다. 매달 새로운 아이디어와 가상의 조건들로 제안되는 전원주택 모델들, 물론 그것들이 답은 아니지만, 집 짓기를 준비하시는 분께 조금이나마 도움이 되고 작은 길잡이 역할을 할 수 있다면 그것으로 저희 셋은 만족합니다.

처음 책을 쓸 때는 너무 힘들어 '이번이 마지막 책이다'라고 생각하며 다시는 책을 쓰지 말자고 저희 셋이 다짐했지만 막상 많은 도움이 되었다는 건축주님의 감사 인사를 전해 들으면, 그 전의 고생들은 기억도 안 나는 듯 씻겨 사라져 버립니다. 그 결과 이렇게 또 책을 쓰고 있네요.

이번 '젊은 전원주택 트렌드 2'는 1편에 이어 2019년 1년 동안 매달 발표된 전원주택 기획 모델을 담은 책입니다. 1편보다 더 참신한 아이디어로 기획한 모델을 가득 담았으며, 홈페이지와 카카오 브런치에 담지 않았던 히든 기획 모델도 넣어 놓았습니다.

이번 책을 끝까지 완성 할 수 있게 도움 주신 모든 분께 감사 인사를 전하며 많은 응원과 사랑을 보내주신 건축주님께 이 책을 바칩니다.

마지막으로 '집'이란 정답이 없다고 생각합니다. 하지만 저희가 정답이라 생각하는 건축 철학, '비 안 새고 따뜻한 집'은 변하지 않을 것입니다. 단순하지만 튼튼하게, 예쁘지만 가성비 높게, 항상 초심을 생각하며 실용적이고 포근한 집을 계속해서 짓도록 하겠습니다.

감사합니다.

왼쪽부터 임성재 건축가, 이동혁 건축가, 정다운 건축가

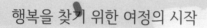

행복을 찾기 위한 여정의 시작

크지 않아도 돼요.
내가 사랑하는 사람과 함께 누워 파란 하늘을 볼 수 있는,
그런 공간이면 돼요.

조용하지만 새소리와 풀벌레 소리가 들리는 곳
항상 꿈꿔왔던 동화 속 작은 오두막

현실에 지쳐 잊고 있었던 그 공간을
수십 년이 지나 다시 꺼내 보려 합니다.

꿈, 추억, 기억...
그리고 행복

지금 그 행복을 찾기 위한 여정을 시작합니다.

차례

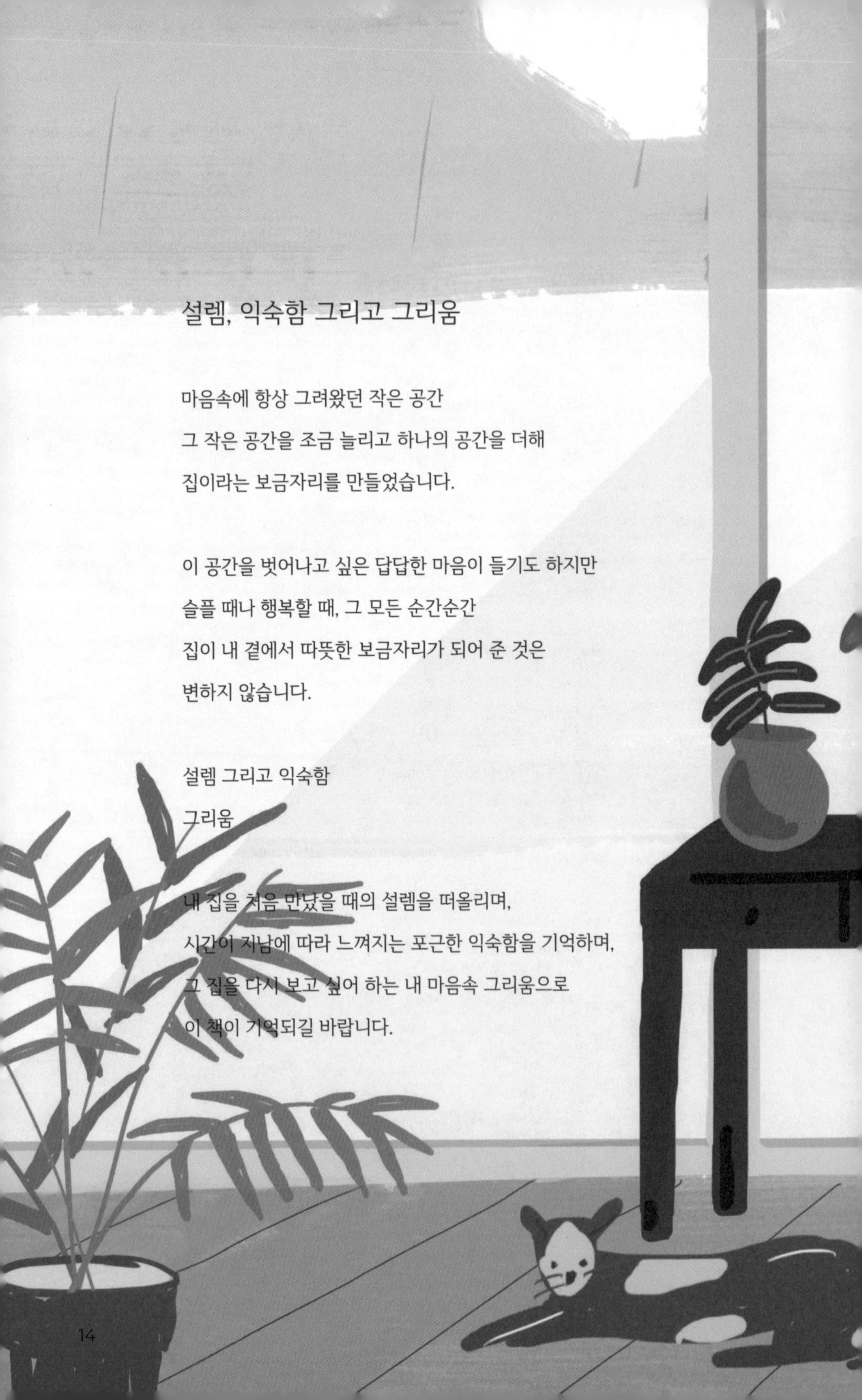

설렘, 익숙함 그리고 그리움

마음속에 항상 그려왔던 작은 공간

그 작은 공간을 조금 늘리고 하나의 공간을 더해

집이라는 보금자리를 만들었습니다.

이 공간을 벗어나고 싶은 답답한 마음이 들기도 하지만

슬플 때나 행복할 때, 그 모든 순간순간

집이 내 곁에서 따뜻한 보금자리가 되어 준 것은

변하지 않습니다.

설렘 그리고 익숙함

그리움

내 집을 처음 만났을 때의 설렘을 떠올리며,

시간이 지남에 따라 느껴지는 포근한 익숙함을 기억하며,

그 집을 다시 보고 싶어 하는 내 마음속 그리움으로

이 책이 기억되길 바랍니다.

프롤로그

'젊은 전원주택 트렌드'

큰 목표를 세우기보다 작은 일부터 시작하자는 마음으로 출발한 프로젝트
였습니다. 이 프로젝트가 결실을 보기 까지 정말 많은 시간을 지나왔습니다.
그동안 우여곡절이 많아서, 이렇게 책을 완성한 후 느끼는 감정은 말로 설명
하기 어렵습니다. (나이를 먹으니 자꾸 눈물이 앞을 가리네요...)

"우리의 생각을 담아보자!"
"말로만 할 것이 아니라 직접 제안해 보자!"
"정답이 아닐 수도 있지만 집을 짓는 사람에게 분명 도움이 될 거야!"

생각만으로 끝나지 않고 실제로 도움이 되는 것을 제안하는 일,
많은 시행착오 속에 포기하고 싶은 마음도 많았지만, 결국 이렇게 한 권의
책을 완성하게 되니 다양한 감정이 마음을 감싸는 듯합니다.

2019년 1월에 시작한 '젊은 전원주택 트렌드 2' 프로젝트를 통해 총 34개
의 기획 모델을 발표했습니다. 각각 다른 컨셉과 아이디어가 담긴 주택 모델
이며, 정답을 제시하기보다 전원주택 집짓기에 막막함을 느낀 사람에게 작은
도움을 주기 위해 발표한 모델입니다.

'젊은 전원주택 트렌드 1'을 발표한 후 많은 사랑과 관심을 받았습니다. 주
위에서 보내주신 많은 응원에 힘입어 생각지 않았던 두 번째 시리즈를 발표했
습니다. 관심 가져주신 건축주님들께 항상 사랑과 감사의 마음을 전합니다.

이번 책은 건축가로서의 코멘트를 담은 전문 도서와 개인의 생각을 담은 에세이의 중간으로 완성했습니다. 전문가의 정보를 담은 책이지만 내용이 재미없고 너무 딱딱하면 건축가인 저조차 펼치자마자 덮어버릴 것 같았습니다.

그래서 큰 그림을 시원시원하게 배치해 눈이 침침하다고 했던 건축주님이 잘 볼 수 있도록 구성했습니다. 도면 역시 비전문가가 봐도 쉽게 이해 할 수 있게 넣었습니다.

마지막으로, 가장 중요한 점은

언제든지 책을 들고 다니며 볼 수 있도록 얇게 만들었습니다. 책의 내용은 좋은데 너무 두꺼워 무겁다고 하신 분이 많으셔서요.

스트레스받으며 책을 보지 마세요. 쉽고 편한 그림책을 읽는 기분으로 힐링하며 읽으시길 추천합니다.

자, 그럼 '젊은 전원주택 트렌드 2' 지금 시작합니다.

젊은
전원주택
트렌드 2

PART 01

웃음 꽃이 피는 저녁 시간

삭막한, 혼자 사는 공간에 사람 냄새가 날 리 없지요.
언젠가부터 할머니 할아버지와 함께 살던 고향 집이 다시 생각나요.
그땐, 작아도 내 방이 있었으면 좋겠다는 생각했는데
그 바람을 이루고 나니 오히려 쓸쓸함이 남네요.

짓고 싶어요.
다시 우리 가족이 저녁 식사 시간에 모두 모여,
웃으며 이야기를 나눌 수 있는
그런 공간을요.

항상 웃음꽃이 피었던 그런 집
그 꿈을 언젠가 이룰 수 있겠죠?

웃음꽃이 피는 집

: 부모님을 모시고 두 자녀와 함께 사는 집

어쩌면 현대에서 보기 힘든 가족 구성이겠죠. 핵가족화되어 혼자 사는 집이 이미 대부분을 차지하는 요즘, 온 가족이 다 같이 모여 사는 집이라니.

예전에는 할머니 할아버지와 함께 사는 것이 이상하지 않았었는데 지금은 그런 가족 구성이 오히려 신기한 상황이니 한국의 가족 구성도 짧은 기간 많은 변화가 있었네요.

한국이 급격한 발전을 이루면서 자연스럽게 시골에서 도심으로 그리고 도심에서도 강남으로 인구가 몰리며 1인 가구라는 새로운 형태의 주택들이 탄생했습니다. 오피스텔이라는 주거 형태도 처음에는 생소했지만, 이제는 혼자 사는 사람들이 거주하는 대표적인 건축물이 되었죠.

시대상을 반영하고 투영하는 것이 다양하게 있지만 가장 크게 반응하고 우리 생활에 밀접하게 다가온 것은 위에서 이야기한 주거 형태와 문화인 것 같습니다.

핵가족과 1인 가구로의 변화는 당연한 시대의 흐름인데 이 흐름이 최근 들어서 다시 바뀌고 있습니다.

5년 전만 해도 집을 짓는 것은 주생활 목적보다 별장이나 휴식을 위한 세컨드 하우스 개념이 컸습니다. 돈 없는 사람들이 힘겹게 짓는 것이 아닌, 돈 있는 사람들의 별장과 같은 것이었습니다. 그러다 보니 경기권 양평만 해도 대형 평수의 주택이 즐비했고 경치 좋은 곳은 여지없이 회장님들의 별장이 들어

섰습니다.

하지만 조금씩 시대가 변하면서 단순한 별장이나 세컨드 하우스의 개념에서 벗어나 가족들이 다 같이 모여 사는 예전의 대가족 주거 형태가 다시 관심받고 있습니다. 제가 생각하는 가장 큰 이유는 이제는 집을 투자의 대상이 아닌 가족의 보금자리로 바라보게 된, 인식의 변화라고 생각합니다.

이번 발표한 월간홈트리오 모델은 3세대 대가족을 위한 주택으로, 30년 전 단독주택의 이미지에서 벗어나 현대적으로 해석한 공간에 세련된 디자인을 적용한 멋지고 아름다운 모델입니다.

부모님을 모시고 두 자녀와 함께 사는 집.
항상 웃을 수 있고 다 같이 모여 행복하게 살 수 있는 집.
그런 집을 꿈꾸며 설계했고, 한 세대를 지나 다음 세대에 이르기까지 행복한 기억과 가족의 따뜻한 정이 추억으로 남는 집이 되기를 바랍니다.

#오픈천장 #세라믹사이딩 #웅장한집 #3세대주택 #60평형전원주택

웃음 꽃이 피는 집

HOUSE **PLAN**

공법　　 : 경량목구조
건축면적 : 204.51 m²
1층 면적 : 130.71 m²
2층 면적 : 73.80 m²

지붕마감재 : 리얼징크
외벽마감재 : 세라믹사이딩 (16mm)
포인트자재 : 인조석
벽체마감재 : 실크벽지
바닥마감재 : 강마루
창호재 : 미국식 3중 시스템창호

예상 총 건축비 _
437,000,000 원
(부가세 포함, 산재보험료 포함 /
설계비, 인허가비, 구조계산 설계비 별도)

설계비 _
9,300,000 원 (부가세 포함)

인허가비 _
6,200,000 원 (부가세 포함)

구조계산 설계비 _
6,200,000 원 (부가세 포함)

인테리어 설계비 _
6,200,000 원 (부가세 포함)

건축비 외 부대비용 _
대지구입비, 가구 (싱크대, 신발장, 붙박이장),
기반시설 인입 (수도, 전기, 가스 등),
토목공사, 조경비 등

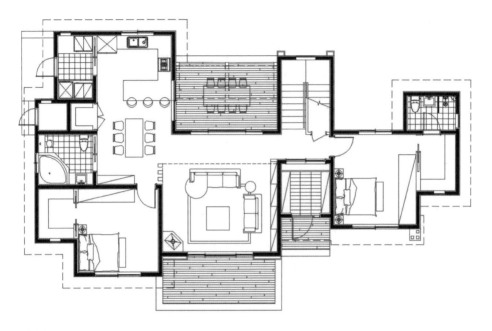

/ 1F PLAN /

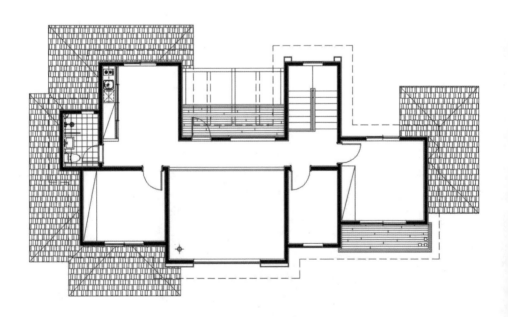

/ 2F PLAN /

이동혁 건축가 :　　　　　부모님을 모시고 자녀와도 함께 사는 3세대 주택, 아파트의 인기가 서서히 떨어지면서 가족이 함께 사는 형태의 수요가 다시 늘고 있습니다. 답답하지 않고 각자의 프라이버시를 지킬 수 있는 평면으로 구성된 이번 모델은 3세대 이상의 대가족 주거모델의 기준이 되는 모델이라 생각합니다.

정다운 건축가 :　　　　　2층에 자리한 별도의 주방은 자녀들이 결혼한 후에도 같이 살 때를 대비한 것입니다. 1층의 주방에서 모든 취사를 해결하기 어렵기 때문에 결혼한 자녀와 함께 거주할 때에는 이번 모델처럼 2층에 별도의 주방 공간을 마련해 주는 것이 좋습니다.

임성재 건축가 :　　　　　오픈 천장 옵션은 답답할 수 있는 거실을 더욱 개방감 있게 만드는 가성비 높은 요소입니다. 층고가 낮고 뭔가 탁 트인 공간이 필요하다면 오픈 천장을 적용해 거실을 넓게 개방하는 것도 좋은 방법이라 생각합니다.

엄마를 위한 선물

: "전원주택 하면 무엇이 떠오르세요?"

다양한 이미지 가운데 저는 고향 집이 가장 먼저 떠오릅니다.

명절이 되면 차를 타고 부모님 고향으로 가는 추억 그리고 할머니가 웃으며 반겨주시는 모습. 가족, 친지들과 웃고 떠들며 재미나게 놀던 기억들. 그 모든 기억 덕분에 '전원주택'이라는 단어는 항상 저에게 있어 고향 같은 느낌으로 다가옵니다.

이번 모델을 설계하고 기획 방향을 잡으며 어릴 때 느꼈던 고향 집과 부모님에 대한 기억을 주택에 녹여내려 많은 고민과 노력을 했습니다. 이번 모델은 단순함의 미학을 드러낼 수 있도록 모던하게 디자인했고 목조주택이지만 외관만 볼 때는 철근콘크리트 주택처럼 보이도록 설계했습니다.

목조든 철근콘크리트든 구조의 안전 문제는 없지만, 철근콘크리트 주택에 대한 맹목적인 신뢰를 한 어르신은 목조주택에 불안감을 호소하기도 하거든요. 또한 집을 완성한 후에도 주변의 잔소리가 계속 들린다고 해서, 이번 주택을 설계할 때 "외관을 철근콘크리트 주택처럼 보이게 하자!"가 저희의 목표였습니다.

외장재에 대해 고민하시는 분도 많죠. 처음에는 욕심이 없지만, 인터넷을 뒤지다 보면 머릿속의 자재가 하나씩 업그레이드되면서 결국에는 제일 비싼 외장재를 골라오시곤 합니다.

일생에 한 번 짓는 집이니 가장 좋게 짓고 싶다는 그 마음을 이해합니다. 하지만 문제는 항상 돈입니다. 배보다 배꼽이 크면 안 되겠죠. 항상 이야기하지만 외장재는 외장재일 뿐, 단열이나 방수와는 관계없습니다. 외장재는 마감을 위한 것으로, 자신이 가진 예산 안에서 가성비 높은 자재를 선정하기 바랍니다.

이번 주택도 가성비 높은 스타코플렉스로 외부를 마감하고 루나우드로 포인트를 줬습니다. 그리고 포치 안쪽은 톤을 조절한 스타코플렉스로 마감해 입체감을 살렸습니다.

모던한 디자인의 주택을 원하시나요?
그렇다면 이번 주택처럼 비우는 디자인을 해야 어지럽지 않고 깔끔하며 트렌디한 단층 전원주택이 될 것입니다.

#단층전원주택 #엄마선물 #집을선물하다 #목조주택 #넓은거실과주방 #넓은포치

엄마를 위한 선물

HOUSE **PLAN**

공법　　 : 경량목구조
건축면적 : 129.10 m²
1층 면적 : 100.06 m²
포치 면적 : 29.04 m²

지붕마감재 : 아스팔트슁글
외벽마감재 : 스타코플렉스
포인트자재 : 파벽돌, 루나우드
벽체마감재 : 실크벽지
바닥마감재 : 강마루
창호재 : 미국식 3중 시스템창호

예상 총 건축비 _
230,500,000 원
(부가세 포함, 산재보험료 포함 /
설계비, 인허가비, 구조계산 설계비 별도)

설계비 _
5,850,000 원 (부가세 포함)

인허가비 _
3,900,000 원 (부가세 포함)

구조계산 설계비 _
3,900,000 원 (부가세 포함)

인테리어 설계비 _
3,900,000 원 (부가세 포함)

건축비 외 부대비용 _
대지구입비, 가구 (싱크대, 신발장, 붙박이장),
기반시설 인입 (수도, 전기, 가스 등),
토목공사, 조경비 등

/ 1F PLAN /

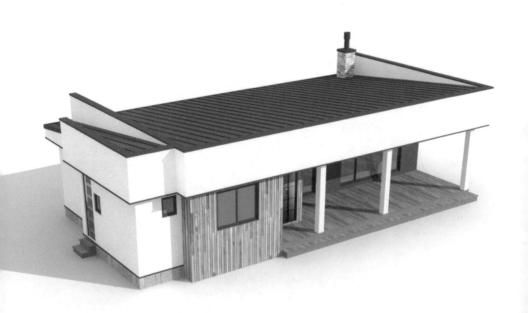

이동혁 건축가 :

30평의 실내면적과 9평이나 되는 넓은 포치 공간. 개인적으로 지붕이 덮여있는 현관 앞 포치를 좋아합니다. 큰 비용이 들지 않으면서 아파트와는 다른 공간을 만들 수 있기 때문입니다. 이 공간의 매력은 여름 부슬비가 내릴 때 그 진가를 발휘하는데, 안락한 의자에 앉아 시원한 커피를 마시며 빗소리를 들을 수 있는 공간. 아마 그 감성적인 분위기는 이 공간에서만 느낄 수 있을 겁니다.

정다운 건축가 :

단층집을 설계하고 디자인 할 때 항상 고민합니다. 2층처럼 보이도록 큰 볼륨감으로 디자인할 수 있다면 괜찮은데 단층의 매스는 디자인할 때 제약이 생각보다 많습니다.

단층이지만 시골집처럼 보이지 않게, 그리고 단순한 면과 간결한 선으로 그려내는 집. 이번 주택도 저희 나름의 고충이 많이 담긴 모델이라고 말씀드리고 싶습니다.

임성재 건축가 :

30평이 크다고 생각하는 분이 계시는데 사실 다 지은 후에 보면 그다지 큰 공간이 아니에요. 사람마다 공간 스케일감이 다르기 때문에 맞다 틀리다를 논하기는 어렵지만 전원주택의 특성상 답답함을 없애고 개방감을 극대화해야 하는 조건에 비추어 본다면, 30평이 적당할 순 있어도 결코 크다고 말하기는 어렵습니다.

우리나라는 3개의 방이 필요하다는 고정관념이 있어요. 물론 방이 많으면 좋지만, 공간이 없는 상황에 거실과 주방을 줄여가며 방을 만들 이유는 없습니다. 특히 이번 주택처럼 부모님 두 분만 거주하는 공간에서는 더더욱 방 개수를 줄이고 공용면적을 늘리는 것이 좋습니다.

PART 02

도심에서 찾은 휴식

앞만 보고 달려온 길.

다들 그렇듯 열심히 일하며 살아왔는데

문득 행복한 휴식을 하고 싶다는 생각을 했습니다.

술을 마시고, 동호회 생활을 하고... 단순히 남이 하는 것을 따라 했지만

이것이 과연 휴식인지 궁금해졌습니다.

바쁘게 사는 것도 좋고 친구와 어울리는 것도 좋지만,

가끔 조용하게 가족들과 소박한 웃음꽃을 피울 곳이 필요하다는 것을

깨달았습니다.

"여러분은 어떻게 지내고 계세요?"

"저처럼 남을 따라서 움직이고 있지 않나요?"

한 번 정도, 나와 내 가족이 온전하게 쉴 수 있는

그런 휴식을 하길 권합니다.

도심에서 찾은 휴식

: "여러분은 어떻게 쉬고 계세요?"

어떤 분은 혼자만의 시간을 갖는가 하면, 또 어떤 분은 운동하며 스트레스를 풀고 자기만의 휴식을 만들어가고 있을 것입니다.

"우리가 생각보다 적게 쉬고 있는 것을 아세요?"

2년 전쯤 '쉼'을 주제로 한 다큐멘터리를 보며 많은 공감을 했고 스스로 생각을 다시 해보는 계기가 되었습니다.

사람은 쉬어야 한다는 생각을 스스로 잘 못 한다고 합니다. 그저 남이 가는 방향으로 열심히 달려가고 가정을 위해 스스로 희생하고... 나이가 들면서 그런 생활이 더욱 당연해지고 시간이 지날수록 감각이 무뎌져 계속 그렇게 살아야 한다고 생각한다고 합니다.

열심히 사는 건 굉장히 중요합니다. 저도 잠자는 시간을 쪼개가며 열심히 살고 있습니다. 하지만 일주일에 단 하루만이라도 자기에게 '쉼'이라는 선물을 꼭 했으면 좋겠습니다.

어떤 모습의 휴식이든 내 인생에 중요한 한 부분이 될 테니까요.

월간홈트리오 2월호에서는 '쉼'이라는 단어를 생각하면서 도심형 주택을 만들었습니다.

디자인이 어떻고 평면이 어떻고 등의 설명보다는 오로지 나와 내 가족이 편안한 마음으로 쉴 수 있는 공간으로 설계했고, 건축가인 저희가 직접 살고 싶은 집을 지으려 했습니다.

"정답"

이 집이 정답이라고 할 수 없을 것 같아요.

단지, 부담 없이 쉬어 갈 수 있는 집을 지었다고 이야기하고 싶습니다.

#도심형주택 #도시형전원주택 #고급스러움 #가성비짱 #4인가족

도심에서 찾은 휴식

HOUSE **PLAN**

공법　　　: 경량목구조
건축면적 : 132.74 m²
1층 면적　: 74.01 m²
2층 면적　: 58.73 m²

지붕마감재 : 리얼징크
외벽마감재 : 스타코플렉스
포인트자재 : 파벽돌
벽체마감재 : 실크벽지
바닥마감재 : 강마루
창호재 : 미국식 3중 시스템창호

예상 총 건축비 _
232,000,000 원
(부가세 포함, 산재보험료 포함 /
설계비, 인허가비, 구조계산 설계비 별도)

설계비 _
6,400,000 원 (부가세 포함)

인허가비 _
4,000,000 원 (부가세 포함)

구조계산 설계비 _
4,000,000 원 (부가세 포함)

인테리어 설계비 _
4,000,000 원 (부가세 포함)

건축비 외 부대비용 _
대지구입비, 가구 (싱크대, 신발장, 붙박이장),
기반시설 인입 (수도, 전기, 가스 등),
토목공사, 조경비 등

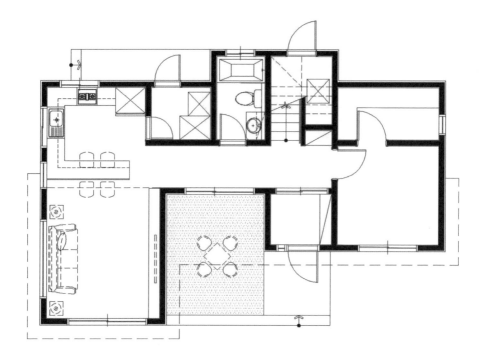

/ 1F PLAN /

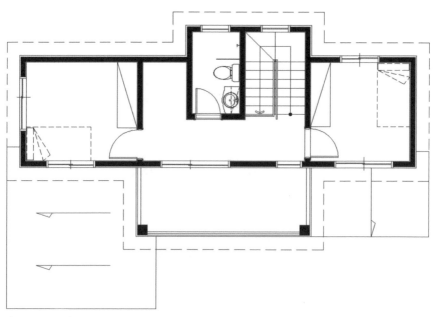

/ 2F PLAN /

이동혁 건축가 : 이 주택은 도심형 4인 가족 주택의 표본이라고 생각합니다. 땅을 최대한 활용 할 수 있는 평면구성과 중정을 설계에 적용해 독특하면서 대중적으로 거부감 없는 디자인의 주택을 완성했습니다.

정다운 건축가 : 도면을 검토할 때, 이 집과 똑같이 짓겠다는 생각은 않으셔도 됩니다. 어차피 땅이 달라지면 평면은 자연스럽게 바뀝니다. 설계비 아낀다고 이곳저곳 돌아다니며 내 마음에 드는 평면을 찾아 헤매시는데, 정말 의미 없는 행동이에요. 저희도 모델을 기획하고 설계안을 발표하지만, 이것은 참고를 위한 도면과 집이지 이대로 똑같이 지으라는 것이 아닙니다. 땅에 맞춘 설계가 선행되어야 하고 그다음에 건축주님의 라이프스타일이 담겨야 비로소 내 집이 됩니다.

임성재 건축가 : 중정을 계획하는 분이 많으신데요, 꼭 집 안에 들어가 있어야 중정이 되는 것은 아닙니다. 이번 모델처럼 전면부에 데크처럼 드러나 있어도 중정처럼 활용 할 수 있습니다. 집을 설계할 때 가장 피해야 하는 것이 고정관념입니다. 집은 정답이 없습니다. 고정관념을 버리고 정말 여러분이 원하는 집을 자유롭게 설계해 보세요.

행복한 가든파티를 꿈꾸다

: 전원생활의 묘미는 누가 뭐라 해도 넓은 앞마당에서 펼치는 가든파티죠. 실제로 집을 지은 후 가장 먼저 하고 싶은 일이 무엇인지 물어보는 설문의 결과로 '친인척과 친구를 불러 집들이를 하는 것'이라고 나왔답니다.

도심에서는 함부로 불을 피울 수 없습니다. 아마 연기가 나는 순간 바로 민원이 들어오고 시끄러운 소리가 들려오겠죠. 당연히도 많은 사람이 모여 사는 곳에서 개인적인 일로 불이나 연기를 피우면 안 되겠죠.

그래서인지 전원주택을 짓고 전원생활을 시작하신 많은 분이 입주하신 후 한동안 앞마당 데크에서 열심히 불을 피우시더라고요.

월간 홈트리오를 기획하면서 항상 고민하는 것은 '어떤 면적의 집을 설계해야 이 매거진을 구독하는 분에게 도움을 줄 수 있을까?' 입니다.

항상 이런 고민을 먼저 하다 보니 대중적이고 가성비가 높은 모델 위주로 발표를 했는데 생각보다 많은 분이 조금 넉넉한 평수의 설계는 왜 발표하지 않는지 문의를 하시더라고요.

2018년에는 국민주택규모 위주의 설계가 저희의 목표였기 때문에 대형 평수 주택은 발표를 많이 못 했는데 2019년부터는 조금 큰 평수의 주택도 기획해 발표해 보려고 합니다.

이번에 발표한 60평 전원주택은 4인 가족이 생활할 주택으로, 넓고 개방감 있는 전원주택의 장점을 마음껏 누릴 수 있도록 설계했습니다.

60평은 절대 작은 면적이 아닙니다. 바닥면적이 크기 때문에 자연스럽게 입면이 웅장해졌고 모던스타일의 깔끔한 '선'과 '면'의 조합으로 디자인 할 수 있었습니다.

친인척과 친구들을 불러 가든파티를 하고, 2층 발코니에서 커피 한 잔을 즐기며 함께 이야기 나누는 상상.

그 상상이 여러분의 머릿속에 그려지시나요?

#60평전원주택 #가든파티 #모던스타일 #웅장함은1등 #젊은사람취향저격

행복한 가든파티를 꿈꾸다

HOUSE **PLAN**

공법　　　: 경량목구조
건축면적 : 199.08 m²
1층 면적 : 138.21 m²
2층 면적 : 60.87 m²

지붕마감재 : 리얼징크
외벽마감재 : 스타코플렉스
포인트자재 : 파벽돌, 리얼징크
벽체마감재 : 실크벽지
바닥마감재 : 강마루
창호재 : 미국식 3중 시스템창호

예상 총 건축비 _
397,000,000 원
(부가세 포함, 산재보험료 포함 /
설계비, 인허가비, 구조계산 설계비 별도)

설계비 _
9,000,000 원 (부가세 포함)

인허가비 _
6,000,000 원 (부가세 포함)

구조계산 설계비 _
6,000,000 원 (부가세 포함)

인테리어 설계비 _
6,000,000 원 (부가세 포함)

건축비 외 부대비용 _
대지구입비, 가구 (싱크대, 신발장, 붙박이장),
기반시설 인입 (수도, 전기, 가스 등),
토목공사, 조경비 등

/ 1F PLAN /

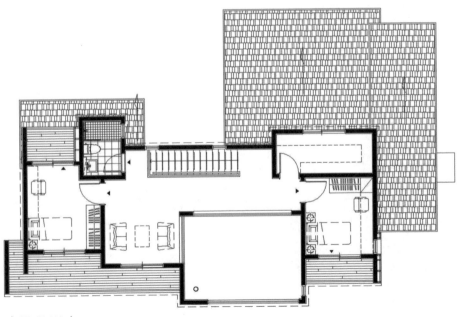

/ 2F PLAN /

이동혁 건축가 :   넓은 내부를 가진 박스형 모던 스타일 주택. 지금은 조금 수그러 들었지만 전원주택을 지으면 거실 천장을 높게 해 2층에서 내려다 볼 수 있게 하는 것이 유행이었던 때가 있었죠. 60평이라는 공간은 절대 좁은 면적이 아닙니다. 운동장까지는 아니지만 충분히 넓다고 할 수 있는 공간이에요. 4인 가족이 생활한다고 가정했을 때 정말 다양한 공간이 나올 수 있고, 드레스 룸 및 발코니 등의 매력적인 공간도 계획 할 수 있습니다.

정다운 건축가 :   사실 설계의 묘미는 60평 이상의 크기에서 발휘된다 할 수 있을 것 같네요. 특히 외부 디자인은 기본적인 매스 크기가 받쳐줘야 느낌이 나는 경우가 있는데요. 60평 정도의 면적에 오픈 천장 옵션까지 더해진 이번 주택의 경우, 모던 스타일의 매력을 맘껏 뿜어낼 수 있게 설계 할 수 있었습니다.

임성재 건축가 :   주방을 설계할 때 많은 분이 싱크대만 신경 쓰는데, 최근 트렌드가 달라지면서 별도의 식당 공간과 창고를 겸할 수 있는 다용도실이 넓어지고 있는 추세입니다. 방을 하나 줄이더라도 주방 공간을 확보해 주는 것이 좋으며, 도심이 아닌 전원생활이기 때문에 방에 너무 많은 비중을 투자하기보다는 공용공간에 면적을 더 할애해 주는 것이 좋습니다.

PART 03

자녀들과 함께 사는 꿈을 꾸다

아이들의 웃음소리.
그때는 이것이 행복인지 모르고 지나쳤습니다.

아이가 마당에서 뛰어놀고 깔깔 웃으며 서로 장난치는 모습.
이제는 각자의 가정을 꾸리고, 잘살고 있지만
언젠가 다시 마당 있는 집에서 온 가족이 모여 사는 꿈을 꿉니다.

내 아들, 딸 그리고 예쁜 손자, 손녀.
대 가족이 함께 사는 행복.
이제 꿈이 아닌 현실이 되어
그 행복을 찾아볼까 합니다.

캥거루 주택에 살다

: 자녀들과 함께 거주하는 다세대 주택 모델입니다.

서울의 30평 아파트의 가격이 이미 10억을 넘긴 지 오래죠. 그래서인지 전원주택을 지어 자녀와 함께 살겠다는 분의 의뢰가 많습니다.

2년 전, 자녀와 함께 거주하는 캥거루 주택을 발표했는데 전국에 10채가 넘게 시공하는 인기를 얻었습니다. 그동안 2세대가 같이 살 수 있는 다세대 전원주택에 대한 기획이 전무했는데 이번 모델을 시작으로 다세대 주택에 대한 기획모델을 계속 발표할 생각입니다.

고벽돌로 마감한 이번 주택은 철근콘크리트 공법을 사용해 단단하며 방수를 강화했습니다. 도심형 주택으로 옥상을 활용 할 수 있도록 설계에 반영했습니다.

단독주택 시장도 트렌드가 변하고 있습니다. 5년 전만 해도 별장이나 돈이 있는 사람들이 짓는 집으로 여겨졌지만, 현재는 신혼부부나 실거주를 목적으로 하는 사람의 비율이 높아졌습니다.

특히 앞서 말한 것과 같이 서울의 집값이 말도 안 되게 치솟으면서 예전처럼 결혼하는 자녀에게 아파트 한 채 사주는 것은 불가능한 시대가 된 것 같습니다.

'캥거루 주택'이라는 단어는 신조어라 할 수 있습니다. 3년 전, 첫 번째 책인

'따뜻한 전원주택을 꿈꾸다'를 쓸 때 처음으로 캥거루 주택에 대해 기획했습니다. 그 당시에는 이런 주택을 과연 몇 채나 지을까? 라고 생각했는데 3년이 지난 지금은 생각보다 많은 분이 관심을 두고 또, 실제로 짓고 있습니다.

　시간이 지나 상상이 현실이 된 것이죠.

　시대가 변하면서 대가족에서 핵가족으로, 그리고 다시 1인 가구로...
　그리고 다시 회귀하듯 3세대가 거주하는 대가족의 형태로.
　3세대가 함께 살 수 있는 이번 캥거루 주택은 저희에게 많은 고민을 하게 한 설계입니다.

　트렌드, 그리고 집.
　마지막으로 라이프스타일.
　이 모두를 하나로 만드는 것. 이번 월간홈트리오 3월호 첫 번째 모델은 그런 고민을 담은 주택입니다.

#캥거루주택 #3세대주택 #자녀와함께살다 #예쁜단독주택 #세도줄수있음

캥거루 주택에 살다

HOUSE **PLAN**

공법   : 경량목구조
건축면적 : 329.21 m²
1층 면적 : 137.51 m²
2층 면적 : 146.80 m²
다락 면적 : 44.90 m²

지붕마감재 : 리얼징크
외벽마감재 : 고벽돌st (파벽돌)
포인트자재 : 리얼징크
벽체마감재 : 실크벽지
바닥마감재 : 강마루
창호재 : 미국식 + 독일식 3중 시스템창호

_____

예상 총 건축비 _
701,000,000 원
(부가세 포함, 산재보험료 포함 /
설계비, 인허가비, 구조계산 설계비 별도)

설계비 _
19,900,000 원 (부가세 포함)

인허가비 _
9,950,000 원 (부가세 포함)

구조계산 설계비 _
9,950,000 원 (부가세 포함)

인테리어 설계비 _
9,950,000 원 (부가세 포함)

건축비 외 부대비용 _
대지구입비, 가구 (싱크대, 신발장, 붙박이장),
기반시설 인입 (수도, 전기, 가스 등),
토목공사, 조경비 등

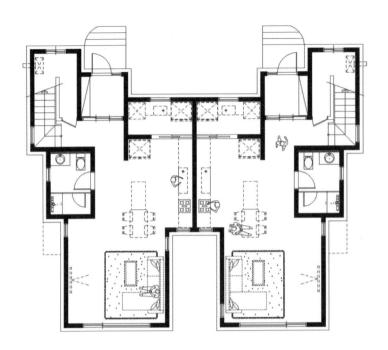

/ 1F PLAN /

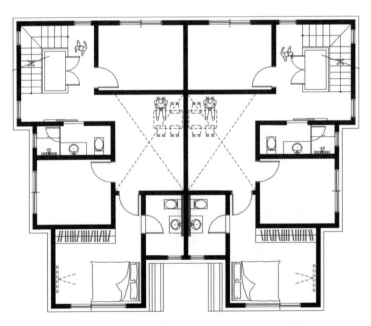

/ 2F PLAN /

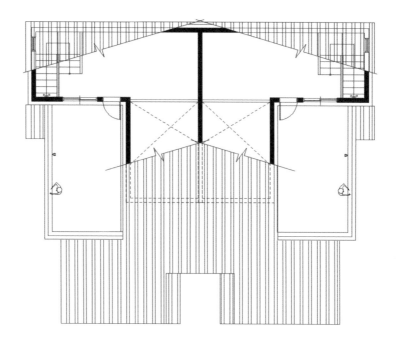

/ Attic PLAN /

이동혁 건축가 : 3세대가 거주 가능한 집, 솔직히 어려웠습니다. 현재 지어지는 대가족 주택은 대부분 구성원의 프라이버시를 확보 할 수 있는 설계가 아니거든요. 현관을 완전히 분리해 각 세대가 독립적인 생활을 하며 마당만 공유하는, 완벽한 '캥거루 주택'을 설계하려고 했습니다.

정다운 건축가 : 하나의 집처럼 보이게 하는 것이 가장 관건이었어요. '잘못하다가는 그냥 빌라처럼 보일 수 있겠구나!'라는 생각이 있었거든요. 단독주택이라 불릴 수 있는 입면을 디자인했으며, 고벽돌과 징크를 조합해 트렌디하면서도 전 연령층이 만족할 만한 외관을 만들었습니다.

임성재 건축가 : 1층에 방을 어설프게 배치하기보다 거실과 주방의 공용공간을 확보해 개방감을 줬습니다. 2층 방 3개와 다락까지 4개의 방을 만들고, 전체 총 8개의 방이 있는 단독주택을 설계했습니다. 99평의 넓은 공간에 3세대가 평생 살 집을 짓는다는 생각으로 설계했습니다. 단독주택의 매력을 흠뻑 만끽할 수 있는 집. 이번 캥거루하우스가 그런 집입니다.

모던 풀빌라 ver.1

: 일생에 한 번 짓는 집. 남과는 다른 그 무언가를 넣고 싶은데...

"생각은 많지만 현실화시키기가 쉽지 않죠!"

맞아요. 저희도 해외 사례를 많이 검토하고 공부한 후 한국 시장에 맞게 변형해서 적용해보면, 생각보다 잘 적용이 안 되고 이상하게 변형되는 경우가 많았습니다. 전문가인 저희도 그런데 여러분은 집 설계하는 것이 얼마나 어렵겠어요. 충분히 그 고민과 어려움을 이해합니다.

상담을 오시는 분의 이야기를 잘 들어보면 취향이나 연령에 따라 좋아하는 집의 디자인이 다른데요. 오늘은 젊은 분들이 좋아할 주택설계에 관해 이야기해드리겠습니다.

해외여행을 가면 에메랄드빛 바다 앞에 멋지게 서 있는 풀빌라가 있죠. 그 건물을 보기만 해도 힐링이 되는 것 같습니다. 그 좋았던 기억과 추억을 매일 느낄 수 있다면, 얼마나 좋을까요? 그래서 월간홈트리오 3월호 2번째 모델은 모던 풀빌라 ver.1로 기획했습니다.

간결한 매스와 군더더기 없는 마감. 외장에 큰 비용을 사용하지 않고 절제미를 느낄 수 있는 모던한 느낌의 매력적인 풀빌라를 만들었습니다.

이 집은 3세대가 함께 사는 주택으로 설계했습니다. 30~40평형은 한 가족이 살기 좋은 크기고, 60평이 넘어가면 부모님과 함께 사는 크기로 적당합니다. 이번 주택은 주차장 공간까지 포함해 85평으로 설계했습니다. 부모님, 자녀 부부, 그리고 손주까지 3세대가 독립적인 영역에서 생활 할 수 있는 집으로 설계했습니다.

　서울의 집값이 이미 '헬' 수준을 넘어서 버려 무조건 서울에 살아야 한다는 생각은 이제 버려야 하는 시대가 되었습니다. 월급을 받아 서울에 30평 아파트를 사려면 30년이라는 시간이 필요하니 대출을 받지 않으면 애초에 아파트 구매를 시도조차 할 수 없게 되었습니다.

　그래서인지 요즘 자녀들과 함께 살겠다고 문의하시는 분이 많습니다. 정말 많은 사연과 이야기들, 그 이야기를 집에 풀어내어 행복한 기억을 선물해야 하는 저희의 입장은 너무 어려워요. 집을 설계하고 시공할 때마다 항상 "정말 이것이 최선일까?"라는 생각과 고민을 많이 합니다.

　이번 설계를 할 때 가장 많이 고려한 부분은 "추후 층별로 독립적인 생활이 가능하게 할 것인가"하는 점이었습니다. 자녀와 계속 함께 산다면 좋겠지만 학업에 따라 자녀들이 이동을 할 수도 있거든요. 그래서 비는 공간을 전세로 내어 주더라도 동선이 얽히지 않고, 층간 분리를 통해 독립적인 생활이 가능하도록 사전에 설계적 이동 공간을 만들어 주었습니다. 가족과 생활 할 때는 내부 계단을 통해서 생활하고, 추후 세를 줄 때는 내부 계단을 막고 외부 계단을 통해 이동 할 수 있게 만든 것입니다.

　주차장에 대한 이야기를 안 할 수 없어요. 한국은 내 땅 안에 무조건 주차장을 만들어야 합니다. 아파트는 지하주차장에 내 차를 안전하고 깨끗하게 주차할 수 있는데 전원주택은 차량이 야외에 그대로 노출되어 눈과 비를 맞아야 하는 것이 걱정이죠. 그렇다고 지하주차장이나 실내 주차장을 만들자니 너무 큰 비용이 들어가고. 그래서 이번 주택을 설계할 때 포치라는 개념을 적용해 차 두 대를 주차할 수 있는 주차장을 만들었습니다. 실내는 아니지만, 지붕이 있기 때문에 1차로 비바람을 충분히 막아줄 것입니다. 건축비는 주차장 시공 비용의 거의 반값이니 나름 가성비 높은 아이디어라 할 수 있습니다.

#풀빌라 #모던전원주택 #한국에서도이런집이 #주차장있는집 #3세대전원주택

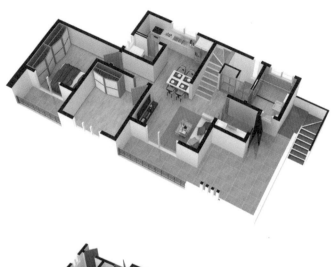

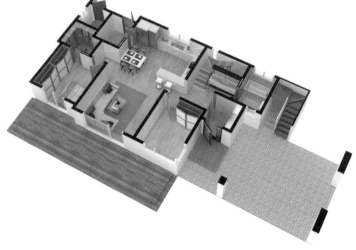

모던 풀빌라 ver.1

HOUSE **PLAN**

공법　　 : 경량목구조
건축면적 : 280.29 m²
1층 면적 : 112.11 m²
2층 면적 : 113.64 m²
다락 면적 : 16.20 m²
주차장　 : 38.34 m²

지붕마감재 : 아스팔트슁글
외벽마감재 : 스타코플렉스
포인트자재 : 파벽돌, 루나우드,
　　　　　　창호 블랙랩핑
벽체마감재 : 실크벽지
바닥마감재 : 강마루
창호재 : 미국식 + 독일식 3중 시스템창호

예상 총 건축비 _
481,000,000 원
(부가세 포함, 산재보험료 포함 /
설계비, 인허가비, 구조계산 설계비 별도)

설계비 _
12,750,000 원 (부가세 포함)

인허가비 _
8,500,000 원 (부가세 포함)

구조계산 설계비 _
8,500,000 원 (부가세 포함)

인테리어 설계비 _
8,500,000 원 (부가세 포함)

건축비 외 부대비용 _
대지구입비, 가구 (싱크대, 신발장, 붙박이장),
기반시설 인입 (수도, 전기, 가스 등),
토목공사, 조경비 등

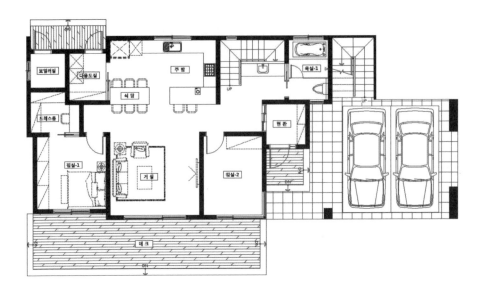

/ 1F PLAN /

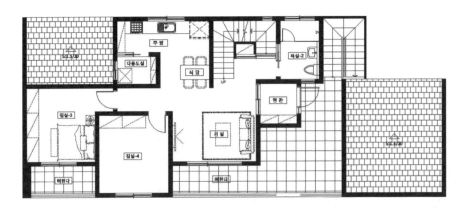

/ 2F PLAN /

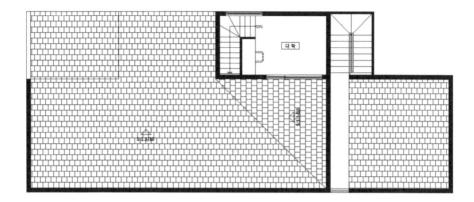

이동혁 건축가 :

모던 스타일의 풀빌라. 한국 시장에 맞게 설계해서 간결한 매스에서 이국적인 느낌을 받도록 했습니다. 발코니를 통해 입체감을 살렸고, 루나우드로만 포인트를 줘서 절제의 미를 표현했습니다.

정다운 건축가 :

한국은 주차장에 대해 많이 고민하죠. 건축법에도 내 땅 안에 주차장이 있어야 허가가 나니 주차에 대한 문제를 해결하지 않고는 집을 지을 수 없습니다. 전원주택을 지을 때는 마당 한쪽에 주차공간을 마련하면 되는데 문제는 내 소중한 차가 눈, 비를 온전히 다 맞고 있는 것이죠. 그렇다고 실내 주차장을 만들기엔 돈이 너무 많이 들어서 저희는 포치 개념의 지붕만 있는 주차장을 따로 설계했습니다. 같은 야외라도 지붕이 있어 오염이 훨씬 줄어들겠죠. 건축비도 절반. 일석이조입니다.

임성재 건축가 :

이 집은 3세대가 함께 거주하는 주택으로 1층은 부모님 세대, 2층은 어린 자녀를 둔 신혼부부가 사는 공간으로 계획했습니다. 주방 설비 및 화장실 등은 모두 층별로 구분 계획했으며, 추후 실내 계단을 막아 각 층을 분리하고 외부계단으로 각자의 공간으로 갈 수 있게 했습니다.

62평, 자녀들과 함께 할 집을 짓다.

: 자녀와 함께 사는 공간을 만드는 일은 생각만으로도 행복합니다.

최근 마당 있는 집에 살고자 하는 수요가 늘어나고, 경기도에 단독주택 필지들이 분양되면서 마당 있는 단독주택 열풍이 이어지고 있습니다.

이번 히든페이지 기획모델은 2세대가 함께 살 수 있는, 자녀와 함께 거주 가능한 마당 있는 집을 만들었습니다.

철근콘크리트 공법으로 2층의 발코니와 1층의 옥상을 다양하게 활용 할 수 있게 계획했습니다. 1층은 어린아이를 둔 아들 세대가 살고, 2층은 부모님이 거주하는 콤팩트한 평면으로 설계했습니다.

공간은 그곳을 사용하는 사용자의 라이프스타일에 따라 변합니다. 이번 모델에서 1층은 두 부부와 어린 자녀 1명, 2층은 부모님 두 분이 거주하도록 기획했습니다.

집을 설계하다 보면 어느 순간 공간이 계속 늘어나는 것을 보게 됩니다.

"왜 그럴까요?"

그 이유는 간단합니다.

처음에는 작은 방과 거실, 식당 정도로 꼭 필요한 공간만을 계획했는데, 설계를 계속하고 공간을 구성하면서 '어! 이것도 필요한데, 저 집은 저것도 했던 데' 처럼 내게 필요하지 않았던 공간을 혹시 몰라 다 넣어버리기 때문입니다.

"여러분은 꼭 기억하세요!"

손님은 1년에 몇 번 방문하지 않습니다. 가끔 필요한 공간을 무리해서 꼭 만들 필요는 없습니다. 꼭 필요한 공간, 매일 사용하는 공간을 위주로 구성하는 것이 좋으며 이 공간을 주로 누가 사용하는지와 그 사용 빈도에 따라 크게 만들지 작게 만들지를 결정하면 됩니다.

외부 입면을 디자인할 때 색감에 대한 조언을 많이 드립니다. 각각 매우 예쁜 자재도 화려하게 이것저것 모조리 붙이게 되면 부담스럽고 조잡하게 보일 때가 많습니다. 집의 메인이 되는 색을 밝게 하되 포인트 색은 때가 덜 타고 무난한 무채색 계열로 하는 것이 가장 보편적이며, 자연스럽게 자재의 질감으로 포인트를 주는 것이 좋습니다.

규모가 있는 주택은 이번 기획모델처럼 메인포인트로 현무암과 같은 톤의 리얼징크를 혼합 사용해서 트렌디하며 젊고 모던한 느낌의 주택으로 입면을 완성하는 것이 현명합니다.

이번 기획모델은 도심형 주택입니다. 깔끔하고 단순한 매력이 살아있는 주택이며 현실성 있는 가성비 높은 주택 모델로, 2세대 단독주택을 계획하시는 분에게 가이드라인을 드리기 위해 설계한 주택입니다.

#2세대주택 #듀플렉스하우스 #자녀들과함께 #부모님과함께 #모던전원주택
#현관분리

62평, 자녀들과 함께 할 집을 짓다

HOUSE **PLAN**

공법　　　: 철근콘크리트
건축면적 : 204.88 m²
1층 면적 : 125.65 m²
2층 면적 : 79.23 m²

지붕마감재 : 아스팔트슁글, 평지붕마감
외벽마감재 : 스타코플렉스
포인트자재 : 현무암판석, 리얼징크, 루나우드
벽체마감재 : 실크벽지
바닥마감재 : 강마루
창호재 : 미국식 + 독일식 3중 시스템창호

예상 총 건축비 _
440,000,000 원
(부가세 포함, 산재보험료 포함 /
설계비, 인허가비, 구조계산 설계비 별도)

설계비 _
9,300,000 원 (부가세 포함)

인허가비 _
6,200,000 원 (부가세 포함)

구조계산 설계비 _
6,200,000 원 (부가세 포함)

인테리어 설계비 _
6,200,000 원 (부가세 포함)

건축비 외 부대비용 _
대지구입비, 가구 (싱크대, 신발장, 붙박이장),
기반시설 인입 (수도, 전기, 가스 등),
토목공사, 조경비 등

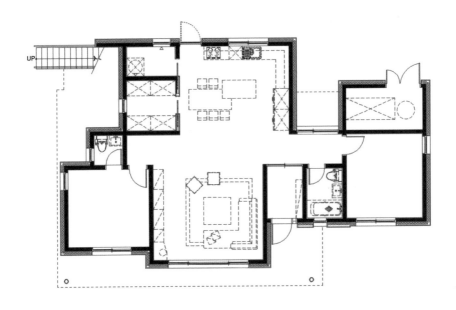

/ 1F PLAN /

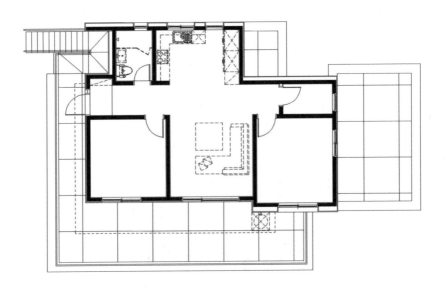

/ 2F PLAN /

| 이동혁 건축가 : | 2세대가 함께 거주할 공간의 설계는 동선을 얽히지 않게 분리하는 것이 가장 중요합니다. 각 세대의 사생활을 지켜줘야 하므로 현관을 분리하고 외부 활동 영역도 각자 확보해, 전원주택이 가진 매력을 충분히 느낄 수 있게 설계하는 것이 중요합니다. 이번 주택처럼 현관을 분리하는 형태는 다세대에서 가능하며, 오로지 단독세대만 거주 가능한 지역은 현관을 하나로 통일하고 계단실 및 출입구로 동선을 분리해야 합니다. |

| 정다운 건축가 : | 옥상은 목조 공법에서는 불가능합니다. 꼭 만들어야 한다면 이번 주택처럼 철근콘크리트 공법으로 지어야 합니다. 또한 우레탄 방수로만 마감하는 것이 아닌, 그 위에 타일 및 데크 시공을 해야 방수가 깨지지 않고 오래 지속될 수 있습니다. 1층에서는 옥상이지만 2층에서는 오픈형 발코니 형태의 공간입니다. 1층 마당을 통해 외부 활동을 할 수도 있지만 자녀 세대와 분리되어 오롯이 2층 세대만 사용가능한 공간을 만들어 주는 것도 좋습니다. |

| 임성재 건축가 : | 각 세대의 내부 공간을 설계할 때는 이 공간 안에 몇 명이 생활하고 어떤 라이프스타일을 가졌는지 파악하는 것이 중요합니다. 공간을 넓힐수록 공사비가 증가하기 때문에 무조건 모든 조건을 다 만족하는 설계는 옳지 못합니다. 예를 들어 두 분만 생활하는 공간은 주방을 줄이고 화장실도 1개만 배치해서 방과 거실 공간을 확보하되 나머지 사용 빈도가 낮은 공간은 크기를 확 줄이는 것이 좋습니다. 보통의 건축주님은 비전문가이기 때문에 꼭 전문가 입장에서 조언해 주어야 하며, 건축비를 줄여나가는 과정을 꼭 거쳐야 합니다. |

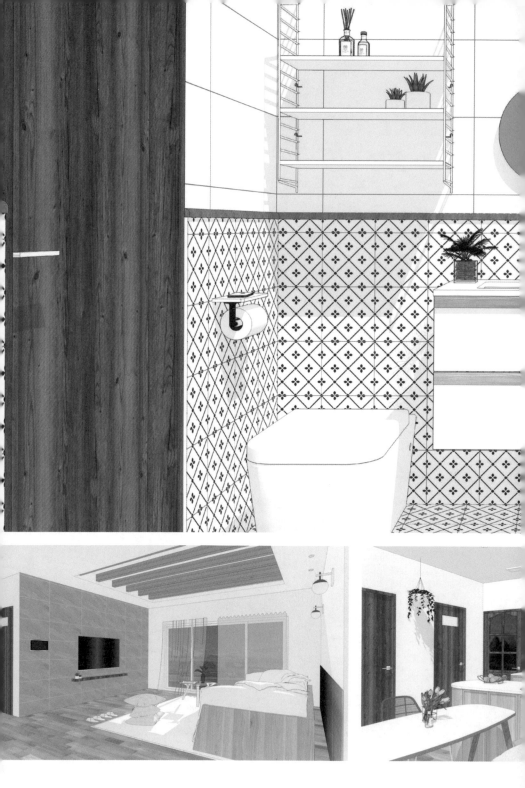

드디어 마당있는 집을 갖게 됐어요

"아빠 우리도 이제 마당에서 뛰어놀 수 있는 거야?"

- 그럼, 이제는 우리 아들이 좋아하는 강아지도 키우자

"앗싸, 친구들한테 자랑해야지"

"아, 그럼 이제 친구들하고 집에서 마음껏 뛰어놀아도 되는 거지?"

- 응, 이제는 마음껏 뛰어놀고 소리쳐도 괜찮아

저는 어릴 적, 작지만 마당이 있는 단독주택에 살았어요.

그곳에서 강아지도 키웠고 엄마와 함께 작은 텃밭도 만들어서

토마토를 따 먹던 기억이 있어요.

재개발되면서 자연스레 아파트로 이사 왔고

남들이 다 그렇듯 앞만 보고 살아왔어요.

문득 그런 생각이 들더라고요.

"내 아들, 딸은 마당이라는 것을 알까?"

맨날 뛰지 말라고만 소리쳤지 정작 뛰어놀 수 있는 곳은 마련해 주지 못한
것 같아요.

"어릴 적 정말 행복했던 기억을 내 자녀들에게도 전해 줄 수 있을까?"

마당 있는 집을 갖는 것.
그리고 그 마당에서 추억을 쌓는 것.

드디어 우리 가족도 마당 있는 집을 가져볼까 합니다.

도심형 4인 가족 주택을 짓다

: 도시에서, 아파트가 아닌 마당 있는 단독주택에서 가족들과 사는 것.
생각만으로도 입가에 웃음을 짓게 되는 꿈같은 일입니다.

집 짓는 일을 한 지 벌써 11년이 됐습니다. 처음 일을 시작할 때는, 전원주
택을 설계하고 짓는 일이다 보니 아무래도 도심보다 한적한 시골 마을에서 주
로 일을 했는데요.

최근에는 트렌드가 바뀌어 시골뿐 아니라 서울 도심에도 마당 있는 단독주
택을 짓기 시작했습니다. 특히 경기도에서는 전원주택을 짓고자 하는 수요가
폭발적으로 늘고 있는데요. 그 이유는 그동안 재테크의 주도적 역할을 했던
아파트의 인기가 낮아지면서 "이제 나도 집을 한 번 지어볼까?"라는 생각이
생겨났기 때문입니다.

그동안 제가 발표했던 주택 모델은 넓은 땅에 자유롭게 설계한, 한적한 느
낌의 집이었는데요. 땅이 넓으면 자유롭게 설계해도 아무 문제 없지만, 평당
4000만 원이 넘는 서울의 땅에는 그럴 수 없습니다.

그래서 이번 월간 홈트리오 4월호 첫 번째 모델은 완전한 도심형 맞춤 단독
주택으로 선보이려 합니다.

"일반적이지 않아요."

한정된 좁은 땅에 집을 지어야 하므로 일반적인 주택이 갖는 동선과 공간

구성은 유지할 수 없습니다. 1층은 모두 공용공간으로 구성해 거실과 주방을 넓게 만들고, 2층은 과감히 개인을 위한 방으로 공간을 계획해서 자연스럽게 층간 분리가 될 수 있도록 했습니다.

외부가 썰렁하면 안 되겠죠! 저는 보통 1개의 포인트 자재를 사용하는데요 이번에는 과감하게 3개의 외장재를 혼합해서 사용했습니다.

유니크하고 모던한 느낌 그리고 주택 단지에서 독보적으로 눈이 먼저 가는 집.

이번 월간 홈트리오 4월호 첫 번째 모델은 도시에서 4인 가족이 생활하기에 부족함 없는 모델로 기획해 보았습니다.

#모던전원주택 #4인가족 #매력적인외관 #도심형주택 #목조주택

도심형 4인가족 주택을 짓다

HOUSE **PLAN**

공법   : 경량목구조
건축면적 : 128.28 m²
1층 면적 : 63.92 m²
2층 면적 : 64.36 m²

지붕마감재 : 리얼징크
외벽마감재 : 파벽돌
포인트자재 : 리얼징크, 세라믹사이딩
벽체마감재 : 실크벽지
바닥마감재 : 강마루
창호재 : 미국식 3중 시스템창호

예상 총 건축비 _
262,000,000 원
(부가세 포함, 산재보험료 포함 /
설계비, 인허가비, 구조계산 설계비 별도)

설계비 _
5,700,000 원 (부가세 포함)

인허가비 _
3,800,000 원 (부가세 포함)

구조계산 설계비 _
3,800,000 원 (부가세 포함)

인테리어 설계비 _
3,800,000 원 (부가세 포함)

건축비 외 부대비용 _
대지구입비, 가구 (싱크대, 신발장, 붙박이장),
기반시설 인입 (수도, 전기, 가스 등),
토목공사, 조경비 등

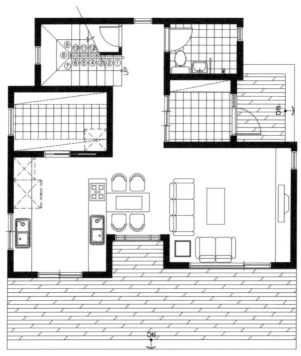

/ 1F PLAN /

/ 2F PLAN /

| 이동혁 건축가 : | 일반적으로 분양되는 100평 크기의 전원주택 단지에 적합한 모 |

이동혁 건축가 :　　　　　　일반적으로 분양되는 100평 크기의 전원주택 단지에 적합한 모델입니다. 건폐율이 높으면 문제없지만, 대부분 20% 정도의 건폐율을 가지고 있습니다. 다시 말하면 1층에 최대 20평까지만 지을 수 있다는 말입니다. 1층을 19평 정도로 구성하면서 데드 스페이스 없이 도심형 전원주택에 맞는 공간을 만들었고, 공용공간과 개인공간을 층간 구분하여 타 주택과는 다른 동선을 만들었습니다.

정다운 건축가 :　　　　　　다양한 포인트 외장재를 사용해서 보다 유니크한 주택 이미지를 만들었습니다. 총 3가지의 자재를 조화롭게 사용해 도시적이면서 눈에 띄는 주택으로 완성했습니다.

임성재 건축가 :　　　　　　단열에 대한 문의가 많습니다. 저희는 3중 시스템창호에 가등급 인슐레이션을 기본으로 사용하고 있습니다. 단열을 더욱 보강하고 싶다면 스카이텍 열반사 단열재 8mm를 보강하거나 압축 단열재를 50mm에서 100mm로 보강하기도 합니다.

　　　　　　단지 모든 것이 돈과 관련되어 있습니다. 무조건 두껍게 한다고 좋은 것은 아니며, 건축주님의 예산 안에서 단열 보강을 선택하기 바랍니다.

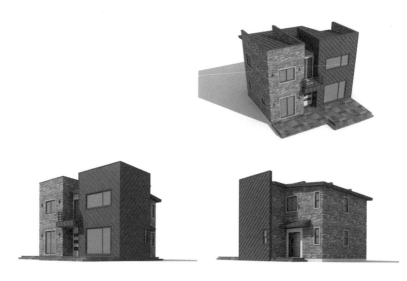

손주들의 추억을 담다

: 평생 아파트에 살다 보니 어느 순간 조심조심 걷는 것이 습관이 됐습니다. 아파트에서 '쿵쿵' 거리며 뛰어다니는 것은 제 상식 밖의 일입니다.

그래서 뛰어다니고 싶은 아이에게 뛰지 말라고 소리치고 혼을 냈습니다. 하지만 집을 의뢰한 건축주님께 아이는 본디 뛰어다니는 것이 자기의 주된 일이라는 이야기를 들었습니다.

무엇이 우선인지 혼동됐습니다.

맞아요. 우리는 어느 순간 사람보다 건물과 공간에 맞춰 살게 됐고 그 환경에 적응해 버렸는지 모르겠습니다.

이번 주택은 눈에 넣어도 아프지 않을 너무나 사랑스럽고 예쁜 손주들이 마음 놓고 소리치며 뛰어놀 수 있는 공간으로 기획했습니다.

가족의 집 그리고 포근함이 느껴지는 집.

그런 집을 만들기 위해 많이 고민했고 그 결과, 주황빛 기와가 고즈넉하게 내려앉은 집을 만들었습니다.

집이란 내가 살아온 순간을 기록하고 추억하며 내 어릴 적 흔적이 고스란히 남아, 내가 커서도 그 기록과 흔적을 보며 행복했었던 시간을 떠올릴 수 있어야 한다고 생각합니다.

평생 서울에 살며 이사를 많이 다니다 보니 제 어릴 적 흔적은 모두 사라지고 없는데, 시골 할머니 집에 놀러 가면 그 공간에 제 어릴 적 낙서들과 사고 치고 울었던 흔적들이 남아있습니다.

집을 지을 때는, 단순히 거주만을 위한 공간이 아닌 그곳에 사는 사람의 추억과 행복했던 기억을 흔적으로 남길 수 있는 집을 짓고자 합니다.

월간 홈트리오 4월호 두 번째 모델은 그런 추억을 기록할 수 있는 집으로 설계했으며, 손주와 행복한 시간을 마음껏 즐길 수 있는 전원주택입니다.

#북유럽주택 #스페니쉬기와 #가족을위한집 #손주들이놀러와요 #추억을기록하다

4인 가족 스마일 하우스

HOUSE **PLAN**

공법   : 경량목구조
건축면적 : 180.33 m²
1층 면적 : 124.37 m²
2층 면적 : 55.96 m²

지붕마감재 : 스페니쉬 기와
외벽마감재 : 스타코플렉스
포인트자재 : 파벽돌
벽체마감재 : 실크벽지
바닥마감재 : 강마루
창호재 : 미국식 3중 시스템창호

예상 총 건축비 _
341,500,000 원

(부가세 포함, 산재보험료 포함 /
설계비, 인허가비, 구조계산 설계비 별도)

설계비 _
8,250,000 원 (부가세 포함)

인허가비 _
5,500,000 원 (부가세 포함)

구조계산 설계비 _
5,500,000 원 (부가세 포함)

인테리어 설계비 _
5,500,000 원 (부가세 포함)

건축비 외 부대비용 _

대지구입비, 가구 (싱크대, 신발장, 붙박이장),
기반시설 인입 (수도, 전기, 가스 등),
토목공사, 조경비 등

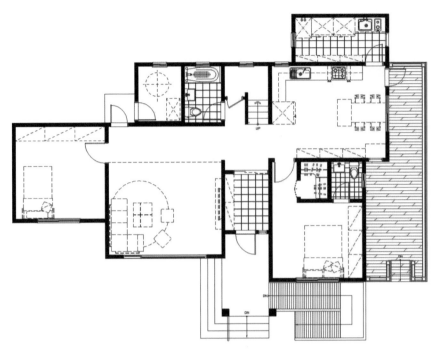

/ 1F PLAN /

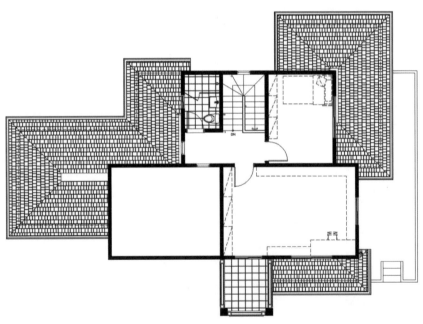

/ 2F PLAN /

이동혁 건축가 :

"작게, 더 작게..."

작은 것도 좋지만 전원생활의 묘미를 느낄 수 있는 면적은 되어야 하지 않을까요? 이번 주택은 좁다는 인식이 들지 않는 평면으로 설계했습니다. 일생 한 번 짓는 집을, 단순히 관리비 절약과 내가 사용하지 않을 것 같다는 심리 때문에 많은 것을 포기하며 지을 수는 없겠죠. 손주들이 놀러 와 마음껏 뛰어놀 수 있는 집, 내가 좋아하는 책을 마음껏 보면서 마음의 양식을 쌓을 수 있는 집. 바로 그런 집을 지으세요.

정다운 건축가 :

따뜻하고 포근한 느낌으로 지은 집. 그런 집을 건축주님께 선물하고 싶었습니다. 스페니쉬 기와를 적용해 이국적이면서 따뜻한 느낌의 외관으로 완성했으며, 흰색과 회색톤을 배합해 중후하면서도 깨끗한 느낌의 집으로 완성했습니다.

임성재 건축가 :

현관을 중심으로 거실과 주방을 분리했습니다. 아버님과 어머님의 공간을 분리해 각자가 원했던 전원주택의 삶과 꿈을 간섭 없이 만들어나갈 수 있게 했습니다.

그런 적 있지 않으세요? 조용히 책을 읽고 싶은데 남편이 야구 본다고 TV 소리를 크게 틀어놓았던 적. 이제는 싸우지 말고 마음껏 보라고 하세요. 주방이 따로 분리되어 있거든요.

앞마당에 벚꽃이 휘날릴 때

벚꽃이 휘날리고 봄바람이 부는 시기.
가장 놀기 좋은 날씨, 5월.

여러분 그동안 고생 많았어요.
여기 와서 잠시 쉬었다 가세요.

돗자리 위에 누워 벚꽃 잎이 휘날리는
하늘을 바라보는 여유로운 감성을 느끼면서,
아무 생각 없이 보내는 시간.

가끔은 이런 시간도 있어야 하지 않겠어요?

우리 가족을 위한 알찬 집

: 벚꽃이 휘날리고 봄바람이 부는 시기. 가장 놀기 좋은 날씨이기도 한 5월. 일에 파묻혀 살다 보니 이 좋은 날에 사무실에만 앉아 있네요. 솔직히 건축가라는 직업을 가진 후에 제대로 계절을 즐긴 적이 없는 것 같습니다. 사람들이 나들이하기 좋은 날씨는 집을 짓기에도 가장 좋은 날씨이기 때문입니다.

비가 내리지 않고 영하로 기온이 떨어지지도 않으며 너무 쾌적한 습도를 유지하는, 공사하기 좋은 날씨.

"아... 놀기 좋은 날씨가 아니라 일하기 좋은 날씨였네요."

요즘 일과 중 절반 이상이 월간 홈트리오 기획모델 설계하는 것이에요. 설계하다가 안 풀려서 옆에 밀어놓았다가 또 생각나서 다시 설계하고, 그런 과정을 통해 완성된 이번 월간 홈트리오 5월호 첫 번째 모델. 보기만 해도 젊은 느낌과 모던함이 물씬 풍기는 그런 주택.

"하나 지어보실래요?"

가족을 위한 전원주택은 4인 가족을 기준으로 설계를 진행합니다. 핵가족화되어서 5인, 6인 가족을 대상으로 설계하는 일은 많지 않습니다. 4인 가족 이상을 위한 주택의 기획안은 따로 발표해드리겠습니다.

집을 설계하고 지을 때, 많은 분이 외장재에 욕심을 많이 내세요. 그냥 내는 것도 아니고 무조건 옆집보다 더 좋은 자재를 선택해야 한다며 과한 비용을 투자해서 외장재를 고릅니다. 돈이 많으면 비싸고 좋은 자재를 고르셔도 문제

없지만 정해진 예산을 넘기면서 비싼 외장재를 선택하는 것은 반대입니다. 외장재는 말 그대로 외장재입니다. 비싼 자재로 마감한다고 반드시 집이 더 좋아지거나 고급이 되는 것은 아니라는 것을 명심하세요.

집은 가치는 외장재 하나로 결정되는 것이 아닙니다. 입체감, 볼륨감, 지붕의 경사도, 창호 디자인 등 수 많은 요소가 조화를 이뤄 집의 이미지가 완성되는 것입니다.

이번 주택 또한 욕심을 버리고 화이트톤의 외장에 현무암 판석으로 포인트를 주고, 지붕의 경사도와 물매를 일일이 쪼개어 디자인해 독특한 정체성을 표현했습니다.

"어떠세요?"

과하지 않으면서 가성비 높은, 모던 스타일 전원주택이 탄생했습니다.

항상 조언 드립니다.

과한 것보다는 내가 세운 예산안에서 최선의 방법을 찾아 집을 지어야 한다는 것을 말입니다.

#4인가족주택 #우리가족 #모던전원주택 #가성비주택 #2억전원주택

우리 가족을 위한 알찬 집

HOUSE **PLAN**

공법   : 경량목구조
건축면적 : 122.25 m²
1층 면적 : 82.47 m²
2층 면적 : 39.78 m²

지붕마감재 : 리얼징크
외벽마감재 : 스타코플렉스
포인트자재 : 현무암
벽체마감재 : 실크벽지
바닥마감재 : 강마루
창호재 : 미국식 3중 시스템창호

예상 총 건축비 _
231,000,000 원

(부가세 포함, 산재보험료 포함 /
설계비, 인허가비, 구조계산 설계비 별도)

설계비 _
5,550,000 원 (부가세 포함)

인허가비 _
3,700,000 원 (부가세 포함)

구조계산 설계비 _
3,700,000 원 (부가세 포함)

인테리어 설계비 _
3,700,000 원 (부가세 포함)

건축비 외 부대비용 _
대지구입비, 가구 (싱크대, 신발장, 붙박이장),
기반시설 인입 (수도, 전기, 가스 등),
토목공사, 조경비 등

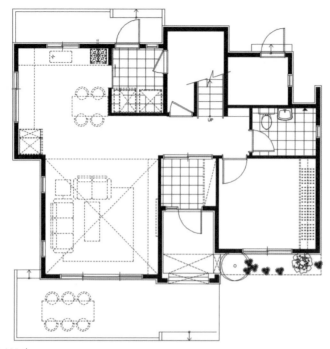

/ 1F PLAN /

/ 2F PLAN /

이동혁 건축가 :　　　　　　　　집을 지을 때 많은 사람이 외장재에 힘을 줘요. 그래야 집이 멋있어진다고 생각하기 때문이에요. 하지만 집의 이미지는 외장재보다 집 자체의 매스에서 결정되는 경우가 많아요. 그리고 이번 주택처럼 지붕 디자인을 통해 외장재에 큰 비용을 들이지 않고도 나만의 특별한 집을 완성할 수 있습니다. "외장재에 욕심 좀 그만 내세요."

정다운 건축가 :　　　　　　　　이층집을 지을 때 가장 선호하는 크기가 35평에서 40평 사이입니다. 비용도 부담스럽지 않고 내가 원하는 공간감이 나오는 이층집을 지을 수 있기 때문입니다. 간혹 이층집을 20평으로 짓고 싶다고 연락하시는 분이 계신대 그러면 너무 좁아요. 저희는 35평 미만은 아예 2층으로 짓지 않고 있습니다.

　　　　　　　　　　　　　　　"이층집을 원하세요?" 그러면 35평 이상 지어야, 생각하고 계신 면적이 나온다는 것을 기억하세요.

임성재 건축가 :　　　　　　　　발코니에 지붕은 필수에요. 또 최소한의 면적으로 시공하길 권합니다. 집은 비가 새지 않고 따뜻하면 절반은 잘 지었다는 소리를 듣습니다. 대부분 비가 새서 시공사와 엄청나게 싸우는데 처음부터 비 안 새는 설계를 하는 것이 좋습니다. 일단 무조건 덮으세요.

세컨드 하우스 프로젝트 'ONE'

: 전원주택을 꼭 크게 지을 필요는 없어요.

"작은 집은 고급스럽게 지을 필요 없다"는 것이 시장을 지배하고 있는 생각이지만 우리의 라이프스타일은 점점 단순해지고 작아져 꼭 필요한 공간만 있으면 불편하지 않은 세상이 됐습니다.

그리고 이런 흐름에 맞춰, 전원주택 시장도 새로운 콘셉트의 모델을 트렌디하게 발표해야 한다고 생각했습니다.

홈트리오 프리미엄 프로젝트, 그 첫 번째는 세컨드 하우스 프로젝트입니다. 큰 별장이 아닌, 내 몸 하나 푹 쉴 수 있는 작지만 알찬 전원주택. 작지만 촌스러운 시골집이 아닌, 높은 품질과 유니크한 디자인의 나만을 위한 집. 그런 집을 만들었습니다.

세컨드 하우스를 설계할 때, 솔직히 모든 건축가는 돈을 줄이기 위해 노력을 많이 합니다. 가격을 낮춰야 잘 팔리니까요. 하지만 이번에는 생각을 완전히 반대로 했습니다.

"예산에 구애받지 않고, 정말로 훌륭한 디자인의 주택을 설계해보자!"

'화성 기지'라는 서브 프로젝트 네임으로 진행한 이번 주택 프로젝트는 27평이라는 소형평수에 공간을 구성했으며 알루미늄 느낌의 징크로 외부를 마감해 그동안 봐왔던 주택과는 그 '궤'를 달리할 수 있도록 설계했습니다.

세컨드 하우스는 춥다는 이야기가 많아 공법은 경량 목구조로 하고, 대신 뒤쪽으로 외 경사를 주어 물이 잘 빠질 수 있게 했습니다.

"프리미엄 주택 라인업의 그 첫 번째 주자인 이번 주택, 어떤가요?"

간결한 선과 면이 만나 모던스타일의 정석과 같은 디자인으로 완성된, 돈이 아깝지 않은 세컨드 하우스. 이제 여러분이 평가해 주실 차례입니다.

#프리미엄전원주택 #세컨하우스 #단층전원주택 #고품격 #1억전원주택

세컨드 하우스 프로젝트 'ONE'

HOUSE **PLAN**

공법　　 : 경량목구조
건축면적 : 89.10 m²
1층 면적 : 89.10 m²

지붕마감재 : 아스팔트슁글
외벽마감재 : 리얼징크
포인트자재 : 파벽돌
벽체마감재 : 실크벽지
바닥마감재 : 강마루
창호재 : 미국식 3중 시스템창호

예상 총 건축비 _
150,000,000 원
(부가세 포함, 산재보험료 포함 /
설계비, 인허가비, 구조계산 설계비 별도)

설계비 _
4,500,000 원 (부가세 포함)

인허가비 _
3,000,000 원 (부가세 포함)

구조계산 설계비 _
3,000,000 원 (부가세 포함)

인테리어 설계비 _
3,000,000 원 (부가세 포함)

건축비 외 부대비용 _
대지구입비, 가구 (싱크대, 신발장, 붙박이장),
기반시설 인입 (수도, 전기, 가스 등),
토목공사, 조경비 등

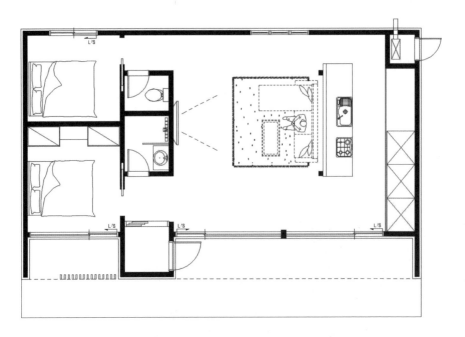

/ 1F PLAN /

이동혁 건축가 :

화성 기지 프로젝트의 일환으로 진행한 이번 주택의 특징은 유니크한 입면입니다. 알루미늄 느낌의 리얼징크로 마감해 영화에 나오는 주택같이 디자인했습니다. 박스형 디자인과 신소재 같은 느낌의 징크 조합 그리고 전면부 통창. "어떤가요? 화성 기지에 한 번 살아보는 것이."

정다운 건축가 :

방에 대한 고민이 많았어요. 세컨드 하우스라는 주제로 방향성을 잡고 진행한 프로젝트였기 때문에 방을 1개만 넣을지 아니면 손님방까지 2개를 넣을지 고민이었거든요. 최종 거실과 주방을 먼저 레이아웃하고 남은 공간에 드레스룸 대신 다용도로 활용 할 수 있는 작은방을 만들었습니다.

임성재 건축가 :

하나의 큰 오픈공간을 만드는 것이 굉장히 어려웠습니다. 해외사례를 정말 많이 찾아봤어요. 방과 현관 그리고 나누어지는 화장실까지 하나의 공간에 몰아넣고 나머지 공간을 원스페이스로 만들어, 가시적으로 넓게 느껴지는 공간을 만들었습니다. 목조주택이기 때문에 4.5m라는 구조적 제한이 있어 아일랜드 식탁 사이드로 기둥이 박히게 되었는데요. 아일랜드와 어울리도록 인테리어해서 실제로 현관에 들어섰을 때는 큰 거부감이 느껴지지 않도록 설계했습니다.

아내를 위해 선물을 준비했어요

평생 고생한 아내를 위한 선물.

크지 않지만 소박하면서도 따뜻함이 느껴지는

작은 집을 선물하기로 했습니다.

화려한 옷이 아닌,

수수한 원피스를 입은 듯한 느낌의 집.

"건축가님 제 아내를 위한 첫 번째 선물이니 잘 부탁드립니다."

아내의 취향을 담다

: 수수한 원피스를 입은 듯한 느낌을 주려고 했습니다.

아내가 좋아하는 단정한 느낌과 간결함, 그리고 청초함. 이 세 가지 장점을 모두 가진 주택입니다.

건축가로서 늘 새로운 모델을 개발하고 설계하려고 노력합니다. 그래서 새로운 트렌드를 제안할 때, 어지러운 평면구성과 쪼개기 그리고 분할과 확장 등의 설계기법을 많이 사용했습니다.

물론 새롭고 예쁘게 보이는 장점은 있지만, 생각보다 데드스페이스가 많이 생긴다는 단점도 발견했습니다.

그동안 보지 못한 집이기 때문에 주위의 시선을 사로잡기는 좋지만 실제로 사용을 할 때는 조금 물음표가 생기는 집이었던 것이죠.

그래서 이번 6월호 모델은 초심으로 돌아가 군더더기 없이 실생활에 최적인 주택으로 설계했습니다.

이번 모델은 평면과 디자인 모두 크게 드러나지 않습니다. 하지만 그 무던함이 오히려 매력이 되는 주택으로 완성했습니다.

화려한 드레스도 좋지만, 한적한 마을의 수수한 풍경 같은 원피스를 입은 듯한 집. 절제미를 느낄 수 있는 이번 주택은 건축의 초심으로 돌아간, 가장 기본에 가까운 집이라 평하고 싶습니다.

조용한 공간에서 바람 소리와 새소리를 들으며 혼자만의 시간을 즐기고 싶으세요?

이번 주택이 그 시간에 함께 할 것입니다.

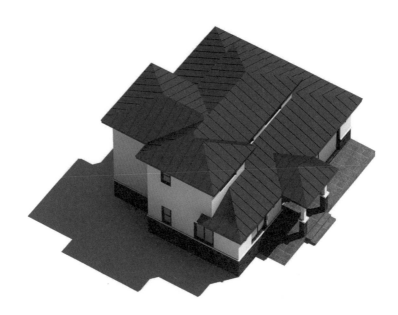

#아내를위한집 #취향저격 #여심저격 #깔끔함 #가성비주택

아내의 취향을 담다

HOUSE **PLAN**

공법　　　: 경량목구조
건축면적 : 122.33 m²
1층 면적　: 85.25 m²
2층 면적　: 37.08 m²

지붕마감재 : 리얼징크
외벽마감재 : 스타코플렉스
포인트자재 : 인조석
벽체마감재 : 실크벽지
바닥마감재 : 강마루
창호재 : 미국식 3중 시스템창호

예상 총 건축비 _
235,000,000 원
(부가세 포함, 산재보험료 포함 /
설계비, 인허가비, 구조계산 설계비 별도)

설계비 _
5,550,000 원 (부가세 포함)

인허가비 _
3,700,000 원 (부가세 포함)

구조계산 설계비 _
3,700,000 원 (부가세 포함)

인테리어 설계비 _
3,700,000 원 (부가세 포함)

건축비 외 부대비용 _
대지구입비, 가구 (싱크대, 신발장, 붙박이장),
기반시설 인입 (수도, 전기, 가스 등),
토목공사, 조경비 등

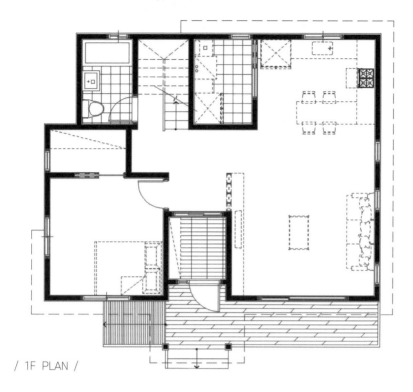

/ 1F PLAN /

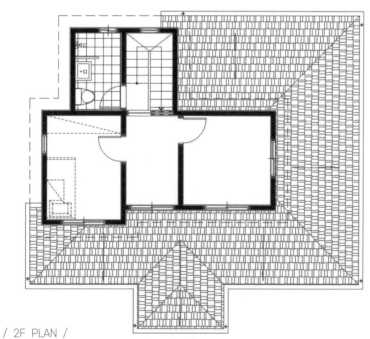

/ 2F PLAN /

| 이동혁 건축가 : | 다시 처음으로 돌아와 기본에 충실한 평면입니다. 새로운 공간 구성을 찾기 위해 이렇게 쪼개 보고 저렇게 나누어봤는데요, 그럴수록 복도와 어정쩡한 공간이 생기는 문제가 드러났습니다. 그래서 이번 월간 홈트리오 6월호 첫 번째 모델에서는 그 누구라도 편안함을 느끼고 위화감이 들지 않는 평면을 만들어 보았습니다. |

| 정다운 건축가 : | 35~40평 사이 면적은 전원주택 시장에 있어 국민 평수라고 해도 무방할 것입니다. 그만큼 많이 선호하는 평형대이며, 상상하는 공간을 가장 잘 반영 할 수 있는 면적이기 때문입니다.
　면적을 37평으로 정해놓고 설계했으며, 무던한 느낌 자체가 매력이라 할 수 있는 그런 주택을 만들었습니다. |

| 임성재 건축가 : | 외부 디자인을 할 때도 고민을 많이 했습니다. 저희의 의견을 하나로 뭉쳐서 정돈되고 질리지 않는 디자인을 했습니다.
　징크라는 차가운 느낌의 지붕재를 선택한 대신 외부 포인트를 최대한 자제하고 깔끔한 원피스를 입은 듯한 느낌으로 디자인했습니다. |

3대가 함께 사는 꿈

: 글을 쓰고 있는 지금은 5월 17일입니다.

밖은 이미 초여름 날씨로 30도를 넘었고 사무실엔 에어컨을 가동했습니다. 저희 사무실은 3면이 유리로 마감된 커튼월 스타일의 단열이 뛰어나지 않은 상가건물이라 내부가 푹푹 찌네요.

저희가 설계하고 짓는 단독주택처럼 두꺼운 단열재와 좋은 창호를 사용하고 지붕에 확실한 공기층이 있는 건물이라면 이렇게 덥지 않을 텐데, 어쩔 수 없이 사무실에서는 에어컨을 풀가동 하고 있네요.

이번 6월호 두 번째 모델은 여타 기획 모델보다 더 많은 생각과 고민을 하며 많은 시간을 들였습니다.

그동안 단독주택, 전원주택은 조용한 곳에서 내 가족만 한적하게 지내기 위한 것이라는 생각이었는데 최근엔 따로 떨어져 외롭게 살기보다 "다 같이 모여 정겹게 살자"라는 새로운 트렌드로 바뀌고 있습니다.

특히 손주들의 재롱을 보고 싶은 60대 연령층에서 3세대를 위한 주택 문의가 폭발적으로 늘고 있습니다. 하지만 빌라가 아닌 이상 같은 건물에 산다는 것이 쉬운 일이 아니고 3세대를 위한 단독주택 사례도 많이 없어 어디서부터 건축을 시작해야 하는지 막막해하는 분이 많습니다.

그래서 준비했습니다.

마당이 있는 도심형 단독주택, 유니크한 옷을 입은 듯한 3세대 주택.

9억 초반의 시공비가 비싸다고 생각 할 수 있지만, 서울의 30평 아파트값이 이미 10억을 넘었기 때문에 109평의 넓은 주택이라면 충분히 도전해 볼 만한 비용이라고 생각합니다.

층간소음 때문에 아이가 불안해하지 않아도 되는 집.
앞마당에서 강아지와 마음껏 뛰어놀 수 있는 집.
그럼에도 층간 분리로 완벽한 개인공간을 만든 집.

"어떻게 지어졌을지 궁금하시죠?"

지금 공개합니다.

#3세대주택 #청고벽돌 #도심형주택 #100평전원주택 #철근콘크리트주택

3대가 함께 사는 꿈

HOUSE **PLAN**

공법　　　: 철근콘크리트
건축면적 : 360.01 m²
1층 면적 : 152.01 m²
2층 면적 : 135.73 m²

지붕마감재 : 리얼징크
외벽마감재 : 청고벽돌 (조적식)
포인트자재 : 리얼징크
벽체마감재 : 실크벽지
바닥마감재 : 강마루
창호재 : 미국식 + 독일식 3중 시스템창호

예상 총 건축비 _
915,000,000 원
(부가세 포함, 산재보험료 포함 /
설계비, 인허가비, 구조계산 설계비 별도)

설계비 _
21,800,000 원 (부가세 포함)

인허가비 _
10,900,000 원 (부가세 포함)

구조계산 설계비 _
10,900,000 원 (부가세 포함)

인테리어 설계비 _
10,900,000 원 (부가세 포함)

건축비 외 부대비용 _
대지구입비, 가구 (싱크대, 신발장, 붙박이장),
기반시설 인입 (수도, 전기, 가스 등),
토목공사, 조경비 등

/ 1F PLAN /

/ 2F PLAN /

| 이동혁 건축가 : | 예전엔 독립하는 것이 꿈이었는데 정작 혼자 살아보니 이제는 다시 부모님과 함께 살고 싶다는 생각이 드네요. 여러분도 그런가요? 그래서인지 2세대 또는 3세대가 거주 가능한 주택 문의가 끊이질 않습니다. 이번 주택도 그런 연장선에서 시작한 프로젝트였으며 결혼한 자녀, 손주와 함께 거주할 수 있는 주택으로 설계했습니다. |

| 정다운 건축가 : | 단독주택을 설계할 때 큰 고민은 빌라처럼 보이지 않게 하는 거에요. 까딱하면 다세대 빌라처럼 획일적으로 보이기 때문에 하나의 이미지로, 하나의 매스로 조화롭게 보이도록 하는 것이 가장 어려운 숙제인 것 같아요. 남과 똑같이 지을 수는 없잖아요. 독특하면서도 우리 가족의 아이덴티티를 담아내는 것, 그것이 저희의 생각이고 고민입니다. |

| 임성재 건축가 : | 1층에서는 데크로의 확장을, 2층은 발코니로의 확장을 고려했습니다. 조금이라도 프라이버시를 강화하기 위해 같은 방향으로 뻗어 나가지 않게 각각의 영역을 분리했습니다. 공간의 배치도 분리했고 거실과 주방의 구획도 다르게 해, 여름에 창문을 열어놓고 생활해도 서로의 소음에 방해받지 않고 독립적인 생활이 가능하도록 했습니다. |

따스한 봄의 감성을 담다

: 깨끗함 그리고 편안함, 두 느낌이 공존하는 집.

정갈하고 무던해, 과하지 않고 눈이 어지럽지 않은 집. 바로 월간 홈트리오 6월호 세 번째 모델로 설계한 집입니다.

"해외에 있는 풀빌라 같은 집은 안 지어요?"

음... 풀빌라 느낌을 내려면 큰 통창과 얇은 보, 그리고 다 비워야 하는데... 한국에서 집을 지을 때 가장 중요한 부분이 단열과 방수에요.

"해외 풀빌라는 보통 어디서 지을까요?"

우리나라처럼 4계절이 뚜렷한 나라? 아니면 추운 지역?

제 생각에 휴양지 그리고 고온다습한 곳, 이 두 가지 조건을 만족해야 여러 분이 인터넷에서 봤던 그런 집을 지을 수 있습니다.

창을 크게 낼수록 집은 추워질 수밖에 없습니다. 벽보다 유리로 손실되는 열이 훨씬 많거든요. 시스템창을 써도 똑같아요. 또한 풀빌라의 대표 이미지 는 박스형의 극모던 스타일이에요. 경사지붕이나 처마 같은 것들이 나오면 그 런 느낌이 나질 않아요. 그래서 벽과 보는 얇고 창은 크게, 경사 없는 지붕에 처마도 나오지 않는 깔끔한 마감의 모던 주택이 되죠.

지어드릴 수는 있지만, 그 집에서 오래 살기는 어려울 거에요. 여름에는 더 덥고 겨울엔 더 춥거든요.

한국 기후에 맞게 현실적으로 집을 지어야 해요.

다른 사람이 많이 선택하고 짓는 집. 다시 말해 어느 정도 검증된 공법과 디자인으로 집을 짓는 것이 좋습니다.

이번 모델을 설계할 때 위와 같은 기본적인 부분을 지키며 4인 가족이 부족함 없이 살 수 있는 집을 만들었습니다.

4인 가족의 생활을 만족시키며 한 가지 더 추가한 것은 부모님과 함께 살 방법을 설계에 적용한 것입니다. 최근 연로한 부모님과 함께 살고 싶은 분의 요청이 많아지고 있습니다. 그러나 보통의 전원주택은 방이 3개만 있어서 부모님이 거주할 공간이 없다는 것이 문제인데요.

이번 주택은 1층에 부모님과 함께 살 수 있는 공간을 만들고 혹시 부모님을 따로 모실 때는 그 공간을 서재로 사용할 수 있게 동선을 계획했습니다.

봄기운을 담은 집, 가족의 웃음을 담은 집.

짧은 글로 모든 것을 설명하기엔 부족하겠죠. 지금부터 외부 디자인과 평면을 보면서 "아! 이 집은 이런 아이디어가 있네"라는 생각을 함께해보세요.

#봄의기운 #클래식과모던 #한국형전원주택 #세라믹사이딩 #전창3중시스템창호적용

따스한 봄의 감성을 담다

HOUSE **PLAN**

공법   : 경량목구조
건축면적 : 127.17 m²
1층 면적 : 83.70 m²
2층 면적 : 43.47 m²

지붕마감재 : 리얼징크
외벽마감재 : 세라믹사이딩 (16mm)
포인트자재 : 인조석
벽체마감재 : 실크벽지
바닥마감재 : 강마루
창호재 : 미국식 3중 시스템창호

예상 총 건축비 _
257,600,000 원
(부가세 포함, 산재보험료 포함 /
설계비, 인허가비, 구조계산 설계비 별도)

설계비 _
5,700,000 원 (부가세 포함)

인허가비 _
3,800,000 원 (부가세 포함)

구조계산 설계비 _
3,800,000 원 (부가세 포함)

인테리어 설계비 _
3,800,000 원 (부가세 포함)

건축비 외 부대비용 _
대지구입비, 가구 (싱크대, 신발장, 붙박이장),
기반시설 인입 (수도, 전기, 가스 등),
토목공사, 조경비 등

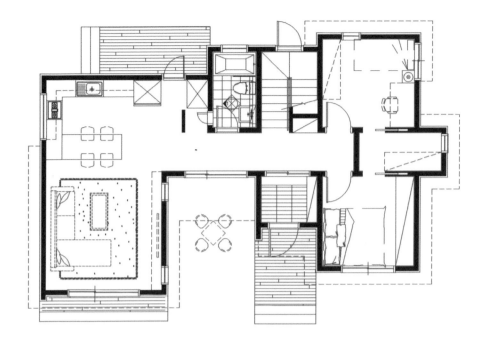

/ 1F PLAN /

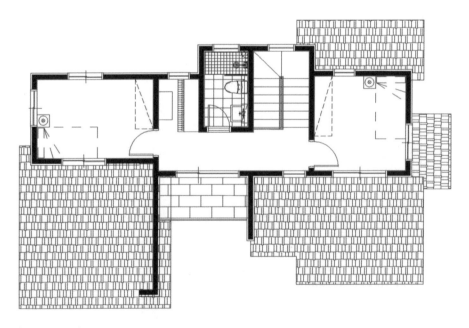

/ 2F PLAN /

이동혁 건축가 :	평면을 구성할 때 복잡하게 꼬거나 비틀기보다 쉽게 공간이 인지되고 데드 스페이스 없이 모든 공간을 활용 할 수 있게 설계합니다. "너무 평면이 단조롭지 않아요?"라고 이야기하는 분도 있지만 30평형에서는 무리하게 공간을 나누어 불필요한 좁은 공간을 만드는 것보다 확실히 필요한 공간을 만들어 시각적으로 개방감을 주는 것이 좋습니다. 땅콩주택이나 일본식 평면이 잠깐 유행한 적은 있지만 아무래도 한국의 라이프스타일과는 맞지 않는 부분이 있어 그 유행은 금방 끝나버렸습니다. 집은 정말 나와 내 가족이 편하게 살도록 집을 지어야 후회가 없습니다.

정다운 건축가 :	목조주택은 경사가 있는 지붕이 필수인 것 아시죠? 아직도 옥상을 만들어 달라고 하는 분이 있는데, 절대 안 될 소리입니다. 콘크리트 주택은 그나마 누수에 대한 위험이 적지만 목조주택은 누수를 제일 첫 번째로 고려하고 체크해야 합니다. 특히 지붕은 빗물이 잘 내려가고 고이지 않는 것이 제일 중요합니다. 방수층을 밟고 다녀도 안 되며, 덮지 않고 오픈하는 것도 안 됩니다. 기억하세요. 목조주택에 경사 지붕은 필수라는 것을요.

임성재 건축가 :	창에 대한 이야기가 많아요. 어떤 게 좋다 나쁘다 어디가 이상하다 등. 예산이 부족한데 무조건 이건창호나 엘지 등의 브랜드 창호를 사용할 필요 없어요. 돈을 투자 할 수 있으면 좋은 것을 선택해도 되지만 대출을 받아 가면서 무리할 필요는 없습니다. 중소 브랜드의 3중 시스템창호도 잘 나오고 있으며, 열관류율값과 등급이 창호에 표시되어 있어 1등급 이상의 창을 선택한다면 단열에 무리가 없습니다. 내 예산 안에서 마무리하는 것이 가장 좋습니다.

46평, 북유럽 노을빛을 담아내다

: 저희는 젊은 건축가이다 보니 깔끔한 면과 선 그리고 모던한 느낌의 박스형 주택을 많이 설계한 것 같습니다. 개인적인 취향도 모던한 스타일을 더 좋아하지만 그렇다고 북유럽 감성의 주택을 싫어하는 것은 아닙니다.

월간 홈트리오에 모던한 스타일이 연속해 발표되면 '왜 건축가님은 모던한 주택만 좋아하느냐?'라며 사랑이 담긴 피드백을 주시는 분이 계십니다. 기획모델은 각 테마와 건축비를 고려하다 보니 모던스타일이 많은 것이지 절대 '난 무조건 모던스타일만 설계할 거야'라는 생각은 아닙니다.

북유럽 스타일 전원주택의 디자인은 생각보다 답이 정해져 있어서, 그 답을 향해 다가가는 방법으로 설계를 하는데 문득 이런 생각이 들더라고요.
"꼭 전통적인 북유럽 스타일의 입면을 고집할 필요가 있을까?"
"큰 틀만 지키고, 부분엔 다양한 스타일의 장점을 적용할 수 있지 않을까?"
고정관념은 무섭습니다. 모두가 답이라고 말하는 것을 나도 답이라고 정해놓고, 고민 없이 설계했다는 말이죠.

이번 주택을 설계하면서 다시 초심으로 돌아가 한국에 맞는 공간과 주택을 만들어보려고 생각보다 큰 노력을 했습니다.
우선 창문부터 북유럽 정통에서 조금 벗어나는 작업을 했습니다. 정통스타일 북유럽 주택은 대부분 주문 제작 창호를 사용하고 나무로 외부 창틀을 만들어서 마치 자연에서 가져온 듯한 이미지를 강제로 만들어 주는데요. 예쁘긴

하지만 주문 제작이고 외부에 목공으로 디자인을 해야 하므로 돈이 만만찮게 들어갔습니다.

이번 기획모델은 목공을 덜어내고 창문도 기성 창문을 사용해서 30% 정도의 비용을 절감했습니다. 창문 외부 랩핑 정도만 적용해서 북유럽의 느낌이지만 정돈된 모던한 느낌을 콜라보해서 적용했습니다.

'저 디자인은 정통이 아니다'라고 하시는 분이 계시는데,
"그 말이 맞습니다. 저희가 한국식으로 변형했습니다. 이해해 주세요."

내부에는 과감하게 모던한 느낌의 인테리어를 적용했습니다. 빈틈없이 각을 맞춰 가구를 배치하고 최대한 블랙&화이트의 기본 톤을 지켜 정갈하고 젊은 감성을 넣어줬습니다.

끝으로 이 집은 다른 주택과는 달리 주방과 식당에 집중했습니다. 일단 거실보다 더 넓은 주방, 식당은 항상 밝은 느낌이 들 수 있도록 배치하고 외부 마당까지 이어지는 동선을 생각해 설계했습니다.

말이 또 너무 길어졌네요. 글 길게 쓰지 말라고 했는데... ㅡㅡ;;
요기까지입니다.

#북유럽스타일 #북유럽감성 #완벽한주방 #꿈꾸던집 #자랑하고싶다

46평, 북유럽 노을빛을 담아내다

HOUSE **PLAN**

공법   : 경량목구조
건축면적 : 151.95 m²
1층 면적 : 87.39 m²
2층 면적 : 64.56 m²

지붕마감재 : 스페니쉬 기와
외벽마감재 : 스타코플렉스
포인트자재 : 인조석
벽체마감재 : 실크벽지
바닥마감재 : 강마루
창호재 : 미국식 3중 시스템창호

예상 총 건축비 _
287,000,000 원
(부가세 포함, 산재보험료 포함 /
설계비, 인허가비, 구조계산 설계비 별도)

설계비 _
6,900,000 원 (부가세 포함)

인허가비 _
4,600,000 원 (부가세 포함)

구조계산 설계비 _
4,600,000 원 (부가세 포함)

인테리어 설계비 _
4,600,000 원 (부가세 포함)

건축비 외 부대비용 _
대지구입비, 가구 (싱크대, 신발장, 붙박이장),
기반시설 인입 (수도, 전기, 가스 등),
토목공사, 조경비 등

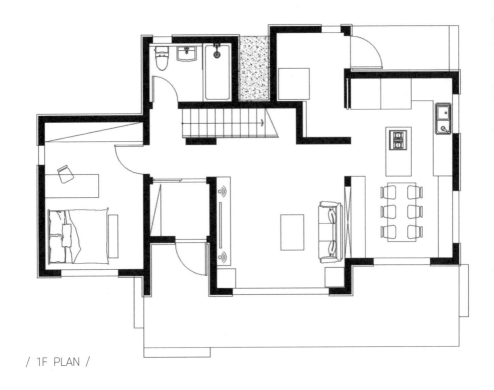

/ 1F PLAN /

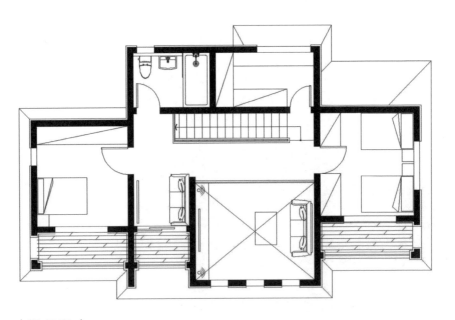

/ 2F PLAN /

| 이동혁 건축가 : | 디자인은 개인의 취향이 많이 반영됩니다. "요즘 트렌드는 모던 이니까 무조건 모던하게 지어야 한다."라고 이야기하는 분이 계시는데 패션도 그렇듯 유행은 돌고 돈답니다. 유행을 따라갈 이유가 전혀 없고, 안전한 자재와 공법을 선정해 집을 짓는 것이 가장 좋습니다. 남의 이야기에 휘둘리지 마세요. 정말 내가 짓고 싶은 집. 그것이 나에게 맞는 최고의 집입니다. |

| 정다운 건축가 : | 지붕재 중 이국적인 느낌이 들면서 무게감 있는 자재를 꼽아보라고 하면 저는 스페니쉬 기와를 선택할 것 같습니다. 자재 본연의 분위기와 이미지는 타 자재들과 비교가 안 되니까요. 북유럽의 느낌과 감성을 가지고 싶은 분은 고민 없이 지붕재로 기와를 고르면 됩니다. 다만 시공비가 절대 저렴하지 않으니 내 예산 안에서 잘 따져본 후 적용하면 되겠습니다. |

| 임성재 건축가 : | 북유럽 스타일의 입면으로 디자인하고 싶고, 내부는 모던하게 디자인하고 싶고, 참 고민이시죠? 너무 한쪽으로 치우칠 필요는 없습니다. 이 집은 남에게 자랑하기 위해 짓는 집이 아닌, 우리 가족이 살 집이니까요. 외부는 정통 북유럽 스타일로 디자인하고, 내부는 내가 익숙하고 편한 아파트형 인테리어를 적용해 깔끔함과 고즈넉한 이국적인 감성을 모두 가져갈 수 있답니다. |

PART 07

와, 해외에 놀러온 것 같아요

"하... 힘들다"

"집에 오면 힐링이 필요해"

회사에서는 일에 치이고, 집에서는 아이에게 치이고,

어느 순간 몸과 마음이 지쳐버렸네요.

집에 오는 것이 해외여행 가는 것처럼 매번 설레고

이곳에선 힐링이 되는, 그런 것은 없을까요?

"아! 그러고 보니 해외에 갔을 때 풀빌라에서 보냈던 그 기억이

너무 좋았어요"

"건축가님,

우리 집도 해외에 있는 집처럼 이국적으로 지어 줄 수 있나요?"

모던 풀빌라 ver2

: 월간 홈트리오 3월호 두 번째로 발표된 모델의 패밀리룩으로 설계한 이번 주택은 '모던 풀빌라 ver.2'라는 이름으로 기획했습니다.

'모던 풀빌라 ver.1'이 3세대가 살 수 있는 주택이라면 이번 주택은 한 가족이 살기에 적합한 공간으로 구성했습니다.
과하지 않게 절제한 아름다움이 매력적인 모던스타일 전원주택으로, 깔끔한 느낌의 디자인을 좋아하는 젊은 건축주님께서 주목할 것으로 생각합니다.

2019년 상반기를 지나며 더 새롭고, 그동안 보지 못했던 집을 새로운 트렌드로 제안하려고 많이 노력했습니다. 하지만 '집'과 '디자인'은 양쪽 모두 개인적이고 취향에 영향을 많이 받기 때문에 저희가 발표하는 모델마다 호불호가 정확하게 갈린 것 같습니다.

월간 홈트리오를 기획할 때마다 매번 보여드리고 싶거나 추구하는 요소가 꼭 하나씩 존재했습니다. 물론 이런 것이 조금은 시험적인 부분도 있었고 너무 과한 비용이 발생하는 부분도 있었습니다.
하지만 말 그대로 트렌드 제안, 여러 가지 시도를 여러분께 보여드린 후 집을 짓고자 하는 예비건축주님께 전원주택이 이런 느낌으로도 지어질 수 있다고 하는 것을 보여드리고 싶었습니다.

전문가인 저희는 집을 볼 때 디자인보다는 하자가 덜 발생하는 설계, 따뜻함이 유지되는 주택, 가성비라는 단어가 어울리는 주택, 이런 부분에 더 중점을 두고 설계를 합니다.

하지만 이제 집을 지으려 준비하는 분은 외관의 디자인과 인테리어에 너무 많은 힘을 쏟습니다.

처음부터 많은 돈을 써서 마음껏 집을 짓는 사람에게는 뭐라 하지 않습니다. 하지만 우리 형편이 늘 넉넉하지만은 않죠. 그래서 정해진 예산 안에서 원하는 요소를 최대한 담아내는 것이 설계의 중점이자 핵심일 것입니다.

이번 모델은 외장재를 최대한 자제하며 디자인했습니다.
"비싸고 화려한 외장재가 아니어도, 그리고 많이 붙이지 않아도 충분히 멋있고 모던한 느낌의, 트렌디한 주택으로 완성할 수 있구나"

여러분은 아직도 비싸고 때가 덜 타는 외장재를 찾고 있을지 모릅니다. 하지만 외장재는 언젠가 더러워집니다. 처음부터 너무 겁먹지 않아도 됩니다. 아파트도 계속 페인트를 다시 바르며 관리합니다. 평생 변하지 않는 외장재는 존재하지 않습니다. 외장재 때문에 처음부터 스트레스받으며 고민하지 않아도 됩니다.

비 안 새고 따뜻하게, 집은 이 두 가지만 지켜도 잘 지었다는 소리를 듣습니다. 근본적인 부분부터 하나씩 차근차근 진행하다 보면 내가 원하는 예산 범위 안에서 좋은 집을 완성 할 수 있습니다.

#모던전원주택 #모던풀빌라 #한국형풀빌라 #박스형전원주택 #젊은건축주취향저격

모던 풀빌라 ver.2

HOUSE **PLAN**

공법　　　: 경량목구조
건축면적　: 190.66 m²
1층 면적　: 85.84 m²
2층 면적　: 69.92 m²
다락 면적 : 14.10 m²
주차장　　: 20.80 m²

지붕마감재 : 아스팔트슁글
외벽마감재 : 스타코플렉스
포인트자재 : 루나우드
벽체마감재 : 실크벽지
바닥마감재 : 강마루
창호재 : 미국식 + 독일식 3중 시스템창호

예상 총 건축비 _
323,000,000 원
(부가세 포함, 산재보험료 포함 /
설계비, 인허가비, 구조계산 설계비 별도)

설계비 _
8,700,000 원 (부가세 포함)

인허가비 _
5,700,000 원 (부가세 포함)

구조계산 설계비 _
5,700,000 원 (부가세 포함)

인테리어 설계비 _
5,700,000 원 (부가세 포함)

건축비 외 부대비용 _
대지구입비, 가구 (싱크대, 신발장, 붙박이장),
기반시설 인입 (수도, 전기, 가스 등),
토목공사, 조경비 등

/ 1F PLAN /

/ 2F PLAN /

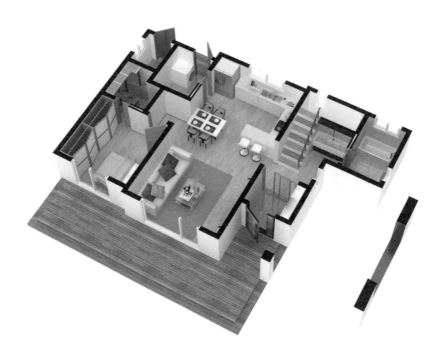

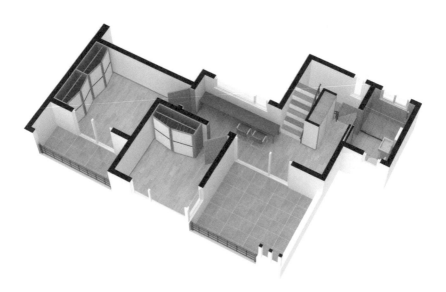

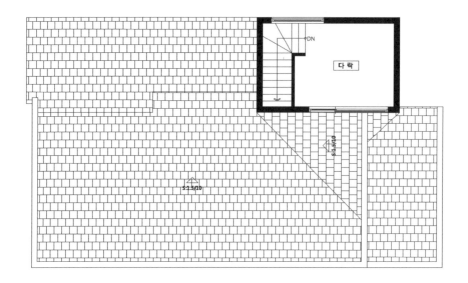

/ 3F PLAN /

이동혁 건축가 :

3월호 두 번째 '모던 풀빌라 ver.1' 모델이 3세대가 거주 가능한 주택이었다면 이번 주택(ver.2)은 4인 가족, 즉 한 가족이 생활하기에 부족함이 없는 주택입니다. 다락을 포함해 4개의 방이 있어 두 자녀 또는 세 자녀를 둔 가족도 생활 할 수 있게 구성했고, 주차장과 베란다, 데크 등 외부 확장성을 가진 공간을 곳곳에 배치해서 단순히 내부 생활권에서 멈추는 것이 아니라 외부공간과 연계되는 확장 공간으로서 주택을 설계했습니다.

정다운 건축가 :

3월호 두 번째 모델과 패밀리룩으로 디자인한 이번 주택은 모던한 해외 풀빌라를 연상케 하는 외관으로 설계했습니다. 모던함의 상징인 박스형 입면, 간결한 선과 군더더기 없이 깔끔하게 마감된 면 처리, 이 모든 것을 조화롭게 디자인하여 젊은 건축주들의 취향을

저격 할 수 있는 주택 이미지로 완성했습니다. 전원주택이라고 촌스러운 줄 알았나요? 천만의 말씀, 얼마든지 세련되고 트렌디하게 지을 수 있답니다.

임성재 건축가 :

    상담하다 보면 비싼 외장재만 잔뜩 골라와서 저렴하게 지어달라고 하는 분이 있습니다. 비싼 외장재를 써야 집도 비싸 보인다고 착각하는데 절대 그렇지 않습니다. 외장재는 말 그대로 외장재일 뿐 특별한 기능을 하는 것은 아닙니다. 디자인에 돈을 투자하고 싶으면 비용을 들여도 되지만 대출까지 받아 가면서 비싼 외장재를 사용할 필요는 없습니다. 구조, 단열, 방수는 외장재와 별개입니다. '외장재는 가성비 높은 것으로, 포인트 정도만 넣는 것이다'라는 것을 인지하고 진행해야 가성비 높은 주택을 만들 수 있습니다.

숲 향기를 머금다

: "숲속에 있는 느낌을 받았으면 좋겠어요"

설계를 하면서 가장 어렵다고 느끼는 것은 구체적인 입면을 디자인하는 것보다 추상적인 느낌을 표현하는 것입니다. 사람마다 느끼는 감정이 다르듯 집도 저희 머릿속의 이미지와 건축주님이 원하는 이미지가 다르거든요.

서로의 코드가 '딱'하고 맞아떨어졌을 때는 일사천리로 일이 진행되지만 그렇지 못한 경우에는 무한 수정의 루프에 들어가게 됩니다.

이번 모델은 실제로 제주도에 지어진 모델로, 설계하면서 참 많은 우여곡절이 있었습니다. 제주의 숲과 집, 두 가지 요소를 조화롭게 표현해야 하는 숙제를 가진 프로젝트였습니다.

처음 기획은 건축주님이 만족하지 못한 부분이 있어, 지금 발표한 모델은 처음 설계를 모두 파기하고 새롭게 구성한 두 번째 기획입니다. 두 번째 기획이라고 말씀드리지만, 그 안에서도 총 3번의 수정이 더 있었습니다. 내부 평면에 제주도의 특성과 건축주님의 라이프스타일을 담아내려고 큰 노력을 한 모델입니다.

입면과 평면, 두 가지 모두 그동안 보지 못한 아이디어와 평면구성으로 유니크함을 간직한 모델로 완성했고 클래식함과 모던함이 오묘하게 공존하는 집으로 완성했습니다.

다각도로 매스를 분절해서 특별한 외장재를 사용하지 않고도 볼륨감 있는 매스로 완성했고 박공지붕을 독특하게 디자인해서 포인트로 활용 할 수 있게 했습니다.

'ㄱ'자형 주택으로 새로운 공간구성을 제안한 이번 주택.
제주도에서 가장 기대가 큰 주택으로 손꼽히며, 진짜 자연을 느낄 수 있는 제주의 아름다운 숲과 잘 조화를 이룰 수 있는 집으로 설계했습니다.

"어때요? 숲 향기 느껴지나요?"

#숲세권 #제주도전원주택 #ㄱ자형전원주택 #가변형공간 #바다앞전원주택

숲 향기를 머금다

HOUSE **PLAN**

공법　　　 : 경량목구조
건축면적 : 141.73 m²
1층 면적 : 109.33 m²
2층 면적 : 32.40 m²

지붕마감재 : 아스팔트슁글
외벽마감재 : 스타코플렉스
포인트자재 : 파벽돌, 루나우드, 리얼징크
벽체마감재 : 실크벽지
바닥마감재 : 강마루
창호재 : 미국식 3중 시스템창호

예상 총 건축비 _
289,000,000 원
(부가세 포함, 산재보험료 포함 /
설계비, 인허가비, 구조계산 설계비 별도)

설계비 _
6,450,000 원 (부가세 포함)

인허가비 _
4,300,000 원 (부가세 포함)

구조계산 설계비 _
4,300,000 원 (부가세 포함)

인테리어 설계비 _
4,300,000 원 (부가세 포함)

건축비 외 부대비용 _
대지구입비, 가구 (싱크대, 신발장, 붙박이장),
기반시설 인입 (수도, 전기, 가스 등),
토목공사, 조경비 등

/ 1F PLAN /

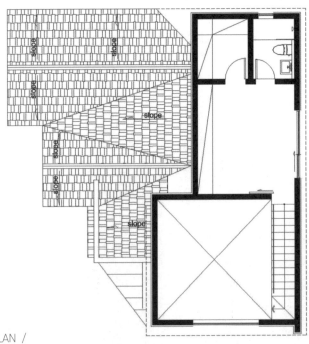

/ 2F PLAN /

이동혁 건축가 :

집을 배치 할 때 꼭 박스형이나 일자형으로 해야 한다고 생각하기 쉬운데 그렇지만은 않습니다. 배치는 말 그대로 배치일 뿐 인체 스케일을 기준으로 보면 현관 파사드 이미지가 가장 큰 부분을 차지합니다. 다시 말해 여러분이 보고 느끼는 메인 뷰는 현관과 거실의 이미지라는 뜻입니다. 복잡하게 생각할 것 없이, 어느 공간에서 메인 조망이 되게 할 것인지를 생각하면 됩니다. 메인 조망이 되지 않는 곳은 무조건 생깁니다. '메인 뷰' 말 그대로 정말 최고의 조망이 되어야 할 곳에 힘을 주고 나머지 공간은 데드스페이스 없이 공간을 설계해야 낭비되는 부분 없이 집을 완성 할 수 있습니다.

정다운 건축가 :

이번 모델은 도로가 남쪽이나 북쪽이 아닌 주택의 오른쪽에 있다는 전제로 설계했습니다. 실제로 도로가 꼭 남, 북으로만 나있는 것은 아니거든요. 대지의 한계를 정한 뒤 왼쪽에 마당을 만들고 'ㄱ'자 형으로 집을 앉혔습니다. 그동안 봤던 평면과는 다를 것입니다. 특히 가장 중요한 공간은 주방과 연계되는 게스트룸입니다. 평소엔 열어서 식당처럼 사용하고 손님이 왔을 때 폴딩도어를 닫아 방처럼 사용할 수 있는 공간입니다. 평소에 사용하지 않는 공간을 무조건 넓게 만들기보다는 이번 주택처럼 여닫을 수 있는 가변형 공간으로 만들어 활용도를 높이는 것이 좋습니다.

임성재 건축가 :

2층은 층간 분리를 통해 독립성을 확보한 공간입니다. 두 분이 노후에 생활한다는 콘셉트의 주택이기 때문에 방을 많이 만들기보다 2층을 하나의 오픈공간으로 사용 할 수 있게 만들었습니다. 물론 2층 입구에 문을 달아 소음을 차단했고, 취미공간 및 다목적 공간으로 활용 할 수 있습니다.

4인 가족 프로젝트 ver.1

: 홈트리오 프리미엄 기획, 그 두 번째 모델을 발표했습니다.

그동안 한국에서 보지 못한 주택을 만들기 위해 많은 시간과 공을 들였습니다. 해외 주택의 느낌과 공간 구성을 표현하기 위해 노력했고 공용공간과 개인공간을 각각 다른 층으로 분리했습니다.

군더더기 없는 외관입니다.
욕심을 버리고 정말 보여주고 싶은 부분에 디자인을 집중했고 포인트를 단순하게 넣어 간결하면서 깔끔한, 모던스타일 전원주택으로 완성했습니다.

전원주택은 보통 시골의 넓은 땅에 짓는다고 생각하기 쉬운데, 이번 주택은 도심형으로 서울이나 경기도에 마련한 100평 내외의 좁은 땅에 시공해야 한다는 가정으로 프로젝트를 진행했습니다.

100평보다 작은 대지에 최대한 넓은 마당을 만들고 동선을 단순하게 계획해서 데드스페이스를 줄이는 데 집중했습니다.
손님이 많이 방문하는 전원주택의 특성에 착안해, 1층을 파티룸 형식의 공용공간으로 만들었고 2층은 가족이 사생활을 보장받으며 쉴 수 있는 개인공간으로 분리했습니다.

가등급의 단열재와 1등급 시스템창호 덧붙여 멋진 디자인까지, 이 모든 것이 조화를 이룬 이번 주택은 젊은 건축주님뿐 아니라 노후에 조용히 가족들과 전원생활을 꿈꾸는 모든 연령의 건축주님께 관심을 받을 수 있는 모델이라 생각합니다.

#4인가족주택 #도심형전원주택 #좁은땅에가능 #프리미엄전원주택 #확실한공간분리

4인 가족 프로젝트 ver.1

HOUSE **PLAN**

공법   : 경량목구조
건축면적 : 145.20 m²
1층 면적 : 72.60 m²
2층 면적 : 72.60 m²

지붕마감재 : 리얼징크
외벽마감재 : 송판노출마감
포인트자재 : 탄화목
벽체마감재 : 실크벽지
바닥마감재 : 강마루
창호재 : 미국식 + 독일식 3중 시스템창호

예상 총 건축비 _
266,000,000 원
(부가세 포함, 산재보험료 포함 /
설계비, 인허가비, 구조계산 설계비 별도)

설계비 _
6,600,000 원 (부가세 포함)

인허가비 _
4,400,000 원 (부가세 포함)

구조계산 설계비 _
4,400,000 원 (부가세 포함)

인테리어 설계비 _
4,400,000 원 (부가세 포함)

건축비 외 부대비용 _
대지구입비, 가구 (싱크대, 신발장, 붙박이장),
기반시설 인입 (수도, 전기, 가스 등),
토목공사, 조경비 등

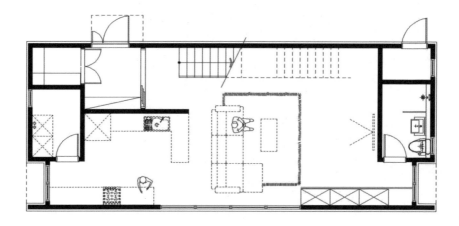

/ 1F PLAN /

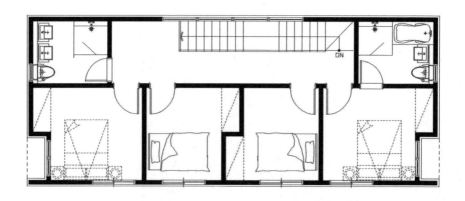

/ 2F PLAN /

이동혁 건축가 : 　　　단조롭게, 더욱더 단조롭게 그리고 간결한 선을 사용해 욕심을 덜어낼 것. 매스분절을 통해 직사각형의 반듯한 박스형 디자인을 했고 작지만 알찬 내부공간과 트렌디한 외부 디자인으로 주택을 완성했습니다.

　　　내실이 탄탄한 주택, 가성비 높은 주택, 이번 홈트리오 프리미엄 주택 모델을 설명하는 단어들입니다.

정다운 건축가 : 　　　1층은 공용공간으로, 2층은 개인공간으로 분리한 이번 주택은, 기존 주택의 평면 패러다임을 부수는 사례가 될 것입니다. 안방은 꼭 1층에 있어야 한다는 것은 편견입니다. 물론 라이프스타일에 따라 옳고 그름이 있을 수 있지만, 이번주택 처럼 마당을 최대한 확보해야 한다면 과감하게 공간을 분리하는 설계를 하는 것도 좋은 방법입니다.

임성재 건축가 : 　　　건축면적 44평, 프리미엄 주택설계, 그리고 전 창 3중 시스템 창호 적용. 이 모든 것을 더해도 부가세 포함 26,600만 원.

　　　"어떠세요? 도전해 볼 만 하지 않나요?"

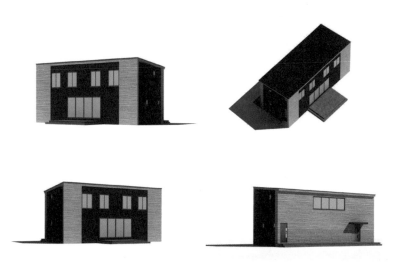

비가 내리네요

'토독' '토독' '토도독' '토독토독'

비 내리는 소리를 듣고 있으면
어느 순간 감성에 젖어버립니다.

전원생활, 그리고 집.

이 두 단어와 밀접한 단어.
저는 '여유'와 '힐링'으로 전원생활을 느낍니다.

"여러분은 어떠세요?"

미국의 클래식함을 담다

: 익숙한 느낌과 기분.

새로운 집이 친숙하게 느껴지는 것은, 내가 그려왔던 집의 이미지와 그만큼 가까운 모습이기 때문일 것입니다.

선을 그리고, 그 선을 모아 공간을 만들고 또다시 공간을 모아 벽을 만들면 비로소 건물의 모습으로 우리 눈앞에 나타납니다.

설계할 때 늘 하는 고민은 "반 박자만 빠르게 트렌드를 집에 반영하자" 입니다. 너무 급하게 앞서나가면 현실을 반영하지 않은 설계가 되고, 또 너무 트렌드에 뒤처지면 답답한 설계가 되기 때문입니다.

월간 홈트리오는 항상 반 박자 빠르게 전원주택 시장을 선도한다는 생각으로 모델을 발표해 왔습니다. 실험적인 느낌의 주택부터 "아! 이렇게도 지을 수 있구나"하고 깨닫게 되는 모델도 있었습니다. 1년 반 동안 모델을 발표하다 보니 어느 순간 다시 초심으로 돌아가야 하는 건 아닌가 하는 생각이 들었습니다.

젊은 사람의 눈길을 사로잡을 만큼 파격적인 공간구성과 디자인, 하지만 이런 것이 이 집에서 생활하는 사람에게 편안함을 줄 수 있을까?

이런 물음 앞에, 월간홈트리오 8월호는 조금 편안하고 어디선가 봤던 익숙함과 친숙함이 느껴지는 주택으로 선보이려 했습니다.

전원주택이 주는 이미지의 시작은 아마 미국 영화 속 깔끔한 집이 아닐까 합니다. 파란 잔디 위 과하지 않은 깨끗한 집, 주말마다 아빠가 집 한쪽을 수리하던 모습. '내 집은 내가 만든다'는 느낌일까요? 어릴 적 미국 영화를 보며 나도 크면 직접 망치를 들고 지붕에 올라가야 하나 하는 생각을 했습니다.

인조석 벽돌과 깔끔한 스타코플렉스 마감, 고즈넉한 처마와 모임지붕.
특별한 자재는 없지만 존재 자체로 특별한 집.

"어디서 본 거 같지 않나요?"

그런 생각이 든다면, 이번 월간 홈트리오 8월호는 성공입니다.

#미국식전원주택 #클래식하우스 #가성비최고 #30평형전원주택 #2층전원주택
#예쁨주의

미국의 클래식함을 담다

HOUSE **PLAN**

공법 　　 : 경량목구조
건축면적 : 117.49 m²
1층 면적 : 75.05 m²
2층 면적 : 42.44 m²

지붕마감재 : 아스팔트슁글
외벽마감재 : 스타코플렉스
포인트자재 : 인조석
벽체마감재 : 실크벽지
바닥마감재 : 강마루
창호재 : 미국식 3중 시스템창호

예상 총 건축비 _
189,000,000 원
(부가세 포함, 산재보험료 포함 /
설계비, 인허가비, 구조계산 설계비 별도)

설계비 _
5,400,000 원 (부가세 포함)

인허가비 _
3,600,000 원 (부가세 포함)

구조계산 설계비 _
3,600,000 원 (부가세 포함)

인테리어 설계비 _
3,600,000 원 (부가세 포함)

건축비 외 부대비용 _
대지구입비, 가구 (싱크대, 신발장, 붙박이장),
기반시설 인입 (수도, 전기, 가스 등),
토목공사, 조경비 등

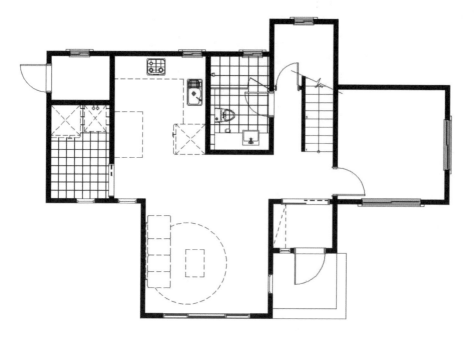

/ 1F PLAN /

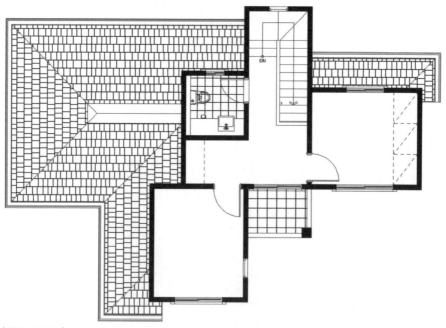

/ 2F PLAN /

이동혁 건축가 : 　　　베스트셀러 모델. 누가 뭐래도 36평, 2층 주택의 정석이라고 말할 수 있습니다. 가장 친숙한 아파트형 평면에 클래식함을 잔뜩 담은 외관, 높은 가성비까지. 큰돈 들이지 않고 적당한 사이즈의 2층 주택을 생각한다면 이 모델을 강력히 추천합니다.

정다운 건축가 : 　　　일반적으로 30평형과 40평형의 기준을 잘 모르시는데, 30평형과 40평형을 구분 짓는 것은 주방의 크기입니다. 남쪽으로 내려와서 넓은 식당 공간을 만들 것인지, 아니면 거실과 주방을 아파트형처럼 하나의 공간으로 만들 것인지에 따라 평형이 결정됩니다. 주방에 더 많은 공간을 할애하고 싶은 분은 40평형을 선택하는 것이 좋으며, 두 분이 조촐히 노후를 보내고 싶은 분은 무리하지 말고 30평형대로 아담하게 짓는 것을 추천합니다.

임성재 건축가 : 　　　방을 3개 만드는 이유를 아세요? 집을 평생 팔지 않고 산다면 얼마든지 내 마음대로 평면을 구성하고 지어도 돼요. 하지만 이 집을 팔겠다고 생각했을 때는 조금 애매한 상황이 벌어질 거예요. 돈이 많은 사람은 지어진 집을 잘 사지 않아요. 오히려 돈이 있으니 좋은 땅에 내 마음대로 집을 짓죠. 결국 이 집을 사는 연령은 아이를 키우는 30대일 가능성이 높아요. 이런 이유로 가급적 환급 할 수 있는 기본 조건인 4인 가족 기준으로 집을 권해드려요. 그러다 보니 방 3개는 기본으로 만들게 됩니다. 환급조건이 아니라면 걱정 없이 내 맘대로 집을 지으면 됩니다.

넓은 포치의 매력을 느끼다

: '토독' '토독' '토도독' '토독토독'

비 내리는 소리를 듣고 있으면 어느 순간 감성에 젖습니다.

전원생활, 그리고 집.

이 두 단어와 밀접한 단어.

저는 '여유'와 '힐링'으로 전원주택을 느낍니다.

"여러분은 어떠세요?"

복잡한 도시 생활, 남이 빨리 걸으니 나도 빨리 움직여야 할 것 같은 기분.
그런 기분을 10년 넘게 느끼면 어느 순간 지쳐있는 자신을 보게 될 거에요.

지친 마음을 회복하는 곳, 그리고 그런 집.

이번 월간 홈트리오 8월호 2번째 모델은 빗소리를 들으며 마음의 평화를
찾을 수 있는 그런 집으로 완성했습니다.

모던하고 깔끔하며 정갈한 느낌.

보고만 있어도 기분이 좋아지는 집.

"여러분도 저와 같이 포치에 앉아 빗소리를 들어보실래요?"

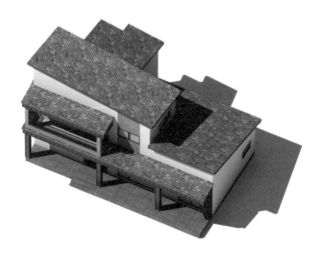

#모던스타일 #예쁜전원주택 #가성비전원주택 #처마가예쁜집 #모던한느낌

넓은 포치의 매력을 느끼다

HOUSE **PLAN**

공법 　　 : 경량목구조
건축면적 : 176.55 m²
1층 면적 : 118.53 m²
2층 면적 : 58.02 m²

지붕마감재 : 아스팔트슁글
외벽마감재 : 스타코플렉스
포인트자재 : 리얼징크, 인조석
벽체마감재 : 실크벽지
바닥마감재 : 강마루
창호재 : 미국식 3중 시스템창호

예상 총 건축비 _
281,000,000 원

(부가세 포함, 산재보험료 포함 /
설계비, 인허가비, 구조계산 설계비 별도)

설계비 _
7,950,000 원 (부가세 포함)

인허가비 _
5,300,000 원 (부가세 포함)

구조계산 설계비 _
5,300,000 원 (부가세 포함)

인테리어 설계비 _
5,300,000 원 (부가세 포함)

건축비 외 부대비용 _
대지구입비, 가구 (싱크대, 신발장, 붙박이장),
기반시설 인입 (수도, 전기, 가스 등),
토목공사, 조경비 등

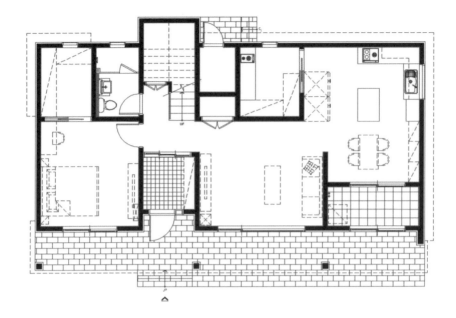

/ 1F PLAN /

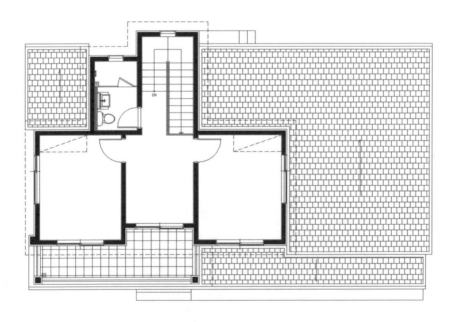

/ 2F PLAN /

이동혁 건축가 :

　　포치는 매우 매력적인 공간입니다. 한옥은 처마가 길어 자연스레 포치의 역할을 같이 했지만 최근 짓는 집은 면과 면이 딱 맞아떨어지다 보니 처마마저도 별도로 만들어 줘야 하게 됐습니다.

　　이번 주택은 모던스타일 전원주택으로 전면부의 면을 깔끔하게 디자인하고 포치와 발코니를 설계에 넣어 입체감을 살린 모델입니다. 비가 올 때 포치, 처마 아래 앉아 한 잔의 커피를 마시는 시간.

　　"전원생활에서 가장 매력적인 시간이지 않을까요?"

정다운 건축가 :

　　이 집은 주방이 핵심입니다. 예전엔 거실이 집의 중심이었다면 지금은 주방을 중심으로 설계를 합니다. 책을 읽고, 요리를 하고 수다를 떨며 가장 많은 시간을 보내는 공간이기 때문입니다. 현관에서 거실과 주방을 봤을 때 시각적인 개방감을 주되, 다용도실 안으로 공간을 구성해 문이 없어도 공간이 자연스럽게 분리되도록 했습니다. 외부로 이어지는 동선도 필요하겠죠. 데크와 포치까지 이어지는 동선을 만들어 언제든지 가든파티를 할 수 있도록 설계했습니다.

임성재 건축가 :

　　2층에 넓은 발코니를 만들었습니다. 2층은 자녀를 위한 공간이기 때문에 1층에 내려오지 않고도 외부 공기를 접할 수 있는 공간을 만들어 준 거예요. 이 정도 공간이면 티테이블을 놓고 차 한 잔 마실 수도 있고, 작은 화초도 키울 수 있는 공간이랍니다.

균형미의 매력을 입다

: 고생하신 부모님을 위해 지어 드리는 집.

30평, 아담한 단층주택. 작지만 알찬 주택으로 기획한 이번 모델은 실제 충남 공주에 지어질 주택입니다.

단층집이라면 익숙한 시골집을 먼저 떠올리는 분이 계시는데, 이번 주택 외관을 보면 그런 느낌은 전혀 들지 않을 것입니다.

단층이지만 지붕을 다양하게 디자인해 큰 비용을 들이지 않아도 안정감 있고 예쁜 전원주택을 만들었으며, 덤으로 충분한 벤트 공간이 확보되어서 여름에는 시원하고 겨울에는 따뜻한 집으로 완성했습니다.

집을 설계하고 기획하면서 많은 분이, 남들이 좋다고 하는 외장재나 공법 또는 인테리어 사례 등 정말 많은 이야기를 하십니다. 그것이 틀린 것은 아니나 문제는 비용을 전혀 고려하지 않는다는 것입니다.

이것도 하고 싶고 저것도 하고 싶고, 친구 집을 보니 이것도 좋다고 하고 저것도 좋다고 하는데...

충분히 이해합니다.

문제는 항상 비용이죠.

"왜 집을 짓고 싶으세요?"
이 질문 앞에 다시 서야 합니다. 예산을 넘겨 과하게 짓는 것이 아니라 정말
나에게 필요한 것을 넣어 가성비 높게 짓는 집.

홈트리오의 설계는 바로 그런 집에서 시작합니다.

'균형미 있는 집, 비 안 새고 따뜻한 집.'
기본에 충실하게 완성한 이번 주택은 부모님 집 또는 세컨드 하우스를 희망
하는 모든 분에게 표본이 될 만한 주택입니다.

#균형미 #아름다움 #단층전원주택 #부모님집 #가성비목조주택

균형미의 매력을 입다

HOUSE **PLAN**

공법   : 경량목구조
건축면적 : 102.81 m²
1층 면적 : 102.81 m²

지붕마감재 : 아스팔트싱글
외벽마감재 : 스타코플렉스
포인트자재 : 파벽돌
벽체마감재 : 실크벽지
바닥마감재 : 강마루
창호재 : 미국식 3중 시스템창호

예상 총 건축비 _
175,800,000 원
(부가세 포함, 산재보험료 포함 /
설계비, 인허가비, 구조계산 설계비 별도)

설계비 _
4,650,000 원 (부가세 포함)

인허가비 _
3,100,000 원 (부가세 포함)

구조계산 설계비 _
3,100,000 원 (부가세 포함)

인테리어 설계비 _
3,100,000 원 (부가세 포함)

건축비 외 부대비용 _
대지구입비, 가구 (싱크대, 신발장, 붙박이장),
기반시설 인입 (수도, 전기, 가스 등),
토목공사, 조경비 등

/ 1F PLAN /

| 이동혁 건축가 : | 집을 설계하고 지을 때는 이 집을 누가 사용하고 몇 명이 살지가 가장 중요합니다. 한국은 아파트에 적응되어 있어 설계할 때 항상 아파트를 예로 들며 설명합니다. 아파트와 전원주택은 설계의 시작부터 다릅니다. 아파트처럼 전원주택을 설계한다면 생각보다 매력 없는 집이 되어버립니다.
이번 주택은 부모님이 거주하는 집으로 기획했습니다. 30평이지만 방을 2개만 만들고 거실과 주방에 최대한 많은 공간을 할애했습니다. 동선을 간결하게 만들고 대가족이 모여도 거실과 주방에서 편히 쉴 수 있도록 공간을 배치했습니다. |

| 정다운 건축가 : | 다른 사람이 지은 집 설계를 참고하는 것은 좋지만 너무 빠지면 안 됩니다. 참고할 뿐, 내 집은 내 가족의 라이프스타일에 맞게 지어야겠죠. 홈트리오의 설계사례를 보면 비슷한 느낌의 평면은 있지만 똑같은 평면은 한 개도 없습니다. 땅에 따라, 거주하는 건축주님의 라이프스타일에 따라 공간구성이 완전히 다르기 때문입니다. |

| 임성재 건축가 : | 단층집과 이층집 사이에서 고민하는 분이 가장 많이 하는 이야기가, 단층으로 지으면 예쁘지 않다는 것입니다. 하지만 단층도 충분히 예쁘게 지을 수 있습니다. 지붕의 경사도를 바꾼다든지 지붕을 다양하게 디자인한다든지, 몇 가지 설계 포인트만 살린다면 큰 비용을 들이지 않고 예쁜 집을 만들 수 있습니다. |

박공지붕을 사랑한 건축가

"집 설계할 때 무엇을 가장 먼저 고려하는 줄 아세요?"

"바로 비가 새지 않게 설계 하는 거에요."
너무 쉬운 문제라고 생각하시겠죠?
하지만 이 쉬운 정답을 지키지 않는 사람이 많아서
건축주님이 고생을 많이 하십니다.

건축인의 한 사람으로서 참 매우 안타까워요.
기본적인 것 딱 하나만 잘 지켜도 비가 안 샐 텐데.

저는 경사가 확실한 박공지붕을 매우 사랑하는 건축가에요.
단열과 환기가 잘 되고 물이 머물 수 없는 경사의 박공지붕.

모던스타일의 건축물이 인기를 끌면서, 박공지붕이나 경사가 있는
지붕으로 디자인하면 트렌드하지 않다고 생각을 하는 것 같아요.
하지만 절대 그렇지 않아요.

여러분은 꼭 기억하세요.
비 안 새고 유지관리에 힘이 덜 들며 목조주택에서 가장 안전한
지붕의 형태는 경사가 확실한 박공지붕이라는 것을요.

봄기운에 안기다

: "집은 깔끔하고 정갈하게 지어야 해"라는 말을 참 많이 합니다.

주택 디자인이 다양해지고 건축가마다 자신의 색깔을 담은 집을 만들려고 노력하다 보니 가끔은 "아... 이게 집이라고 부르기는 조금 애매한데, 굳이 이렇게 오버해서 지어야 하나?"라는 생각이 듭니다.

집은 그 안에 사는 건축주의 이미지를 대변합니다. 그래서 특히 집이 모여 있는 주택단지에 가면, 저희 눈에는 정말 멱살만 안 잡았을 뿐이지 기 싸움을 하는 것처럼 보입니다.

옆집 보다 조금 더 높아야 하고 외장재도 더 좋은 것으로 해야 초라하지 않은 것 같고, 조금 더 독특하게 디자인해야 더 빛나는 것 같죠. 물론 모든 집이 그런 모습은 아니지만 많은 분이 처음 집 짓기 시작 할 때의 마음을 잊고 욕심이 가득 담긴 집을 짓곤 합니다.

집이라는 공간은 하루 이틀 잠시 머무는 곳이 아닌, 짧게는 1년 길게는 평생 내 몸을 누이고 쉼을 얻어야 하는 공간입니다. 본질적인 가치에 대해 고민하지 않고 집을 지으면 애물단지가 되어 들어가고 싶지 않은 집을 만들기도 합니다.

'비움'

젊은 건축가인 저희는 전원주택 시장을 흘러가는 대로 놔두지 않고 올바른 방향으로 인도하기 위해 큰 노력과 고민을 합니다.

이번 주택은 그런 노력의 시작으로 디자인한 주택이고, '주택'이라는 단어의 가장 기본형태로 설계했습니다.

안정감 있는 디자인, 누수 및 단열에 뛰어난 박공지붕, 덜어냄의 미학을 보여주는 화이트 톤의 외벽. 비워낸 공간에 창이라는 액자를 걸어 포인트를 준 주택.

물론 이 집이 정답은 아닙니다. 하지만 '집'의 기본에 충실하되 나머지 부분을 덜어낼 수 있다면 더욱 빛나는 공간이 될 것으로 생각합니다.

#가성비최고 #밸런스있는외관 #ㄱ자형주택 #박공지붕 #홈트리오최애주택

봄기운에 안기다

HOUSE **PLAN**

공법　　　: 경량목구조
건축면적 : 158.42 m²
1층 면적 : 104.06 m²
2층 면적 : 54.36 m²

지붕마감재 : 아스팔트슁글
외벽마감재 : 스타코플렉스
포인트자재 : 파벽돌, 루나우드
벽체마감재 : 실크벽지
바닥마감재 : 강마루
창호재 : 미국식 3중 시스템창호

예상 총 건축비 _
298,000,000 원
(부가세 포함, 산재보험료 포함 /
설계비, 인허가비, 구조계산 설계비 별도)

설계비 _
7,200,000 원 (부가세 포함)

인허가비 _
4,800,000 원 (부가세 포함)

구조계산 설계비 _
4,800,000 원 (부가세 포함)

인테리어 설계비 _
4,800,000 원 (부가세 포함)

건축비 외 부대비용 _
대지구입비, 가구 (싱크대, 신발장, 붙박이장),
기반시설 인입 (수도, 전기, 가스 등),
토목공사, 조경비 등

/ 1F PLAN /

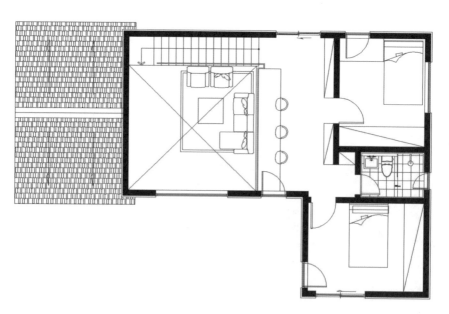

/ 2F PLAN /

이동혁 건축가 : 깔끔한 외벽과 안정감 있는 박공지붕, 1층과 2층의 균형 있는 공간구성. 완전 제 취향입니다. 꼭 비싼 자재를 사용할 필요 있나요? 이번 주택처럼 지으세요. 정말 가성비 최고입니다.

정다운 건축가 : 재밌는 공간의 연속, 도심형 전원주택이 가지는 매력적인 공간을 모두 포함한 주택입니다. 짜임새 있는 공간구성과 어디로든 이동 할 수 있는 동선은 이 집만의 매력을 더욱 돋보이게 합니다.

임성재 건축가 : 외관을 디자인할 때 최대한 덜어내려는 마음으로 했습니다. 뭔가 많이 가져다 붙이는 것이 아닌, 깔끔하고 정돈된 느낌을 전달하려 했고 추후 유지보수도 유리하도록 설계했습니다. 스타코플렉스와 박공지붕 그리고 EPS몰딩까지, 오염과 단열, 방수까지 디자인으로 설계에 반영해서 처음 시작하는 전원생활이 부담스럽지 않게 했습니다.

중정의 매력을 만끽하다

: '자연이 주는 아름다움, 마음의 안정감.'

도시에서 생활하면 어느 순간 주변 사람과 같이 빨리 걷고 있는 자신을 발견합니다. 어디로 가는지도 모른 채 무작정 앞으로 그리고 위로 달려갑니다.

'전원주택 열풍' 그리고 집짓기.

언젠가부터 '집은 아파트'라는 공식이 생겼습니다. 하지만 10년 동안 건축가 생활을 하면서 전원주택이 지금처럼 관심과 사랑을 받은 적이 없는 것 같습니다.

아마 점점 더 자연과 함께 하는 전원생활에 관심을 가지게 될 것으로 생각합니다. 빌딩 숲의 답답함을 벗어나 온전히 나와 내 가족을 위한 힐링스폿을 만든다는 일, 도심 생활에 지쳐있는 마음을 '쉼'으로 치유하고자 하는 것일 겁니다.

월간 홈트리오 9월호 두 번째 모델은 전원주택의 모든 매력을 만끽 할 수 있는 집입니다. 모던한 외관과 124평의 넓은 공간. 그동안 보지 못한 설계기법을 총동원한 주택입니다.

자연 속에 짓는 집이라 화려하지 않은 차분하고 정돈된 느낌의 외관으로 디자인했습니다. 박스형 입면에 징크와 벽돌, 패널 등을 조합해 단순하지만 젊은 감각을 느낄 수 있게 했습니다.

'중정'을 만들어 자연을 집 안에 들여왔고 4면을 창으로 구성해 온종일 모든 공간이 밝도록 채광했습니다.

각 공간에 데크를 만들어 마당 공간을 개별로 사용할 수 있게 한 것이 큰 매력이며 필로티 공법으로 2대의 주차공간을 만들었습니다.

중정을 기준으로 복도와 동선을 만들었습니다. 덕분에 여타 주택과 다른 재미있는 동선이 되었고 자연스럽게 전용공간들이 생겼습니다.

평수가 커지면 방이 많아질 것으로 많이 생각하는데, 꼭 그렇지는 않습니다. 수납공간이 많아지고 주방과 식당이 더 커지게 됩니다.

많은 시간을 보내는 공용공간을 중심으로 면적을 확장하고 취미공간과 갤러리 타입의 복도를 활용해 집 안에서 다양한 감정을 느낄 수 있게 했습니다.

마지막으로 2층 발코니에 지붕을 만들어, 비가와도 발코니를 사용할 수 있으며 추후 폴딩도어를 설치해 내부공간으로도 사용 할 수 있도록 설계했습니다.

#100평이넘는주택 #압도적인공간감 #고급주택의끝판왕 #진정한전원주택의매력

중정의 매력을 만끽하다

HOUSE **PLAN**

공법　　　: 경량목구조
건축면적　: 410.18 m²
1층 면적　: 221.28 m²
2층 면적　: 188.90 m²

지붕마감재 : 아스팔트싱글
외벽마감재 : 스카이온 (제임스하디)
포인트자재 : 리얼징크, 인조석
벽체마감재 : 실크벽지, 도장마감
바닥마감재 : 강마루, 폴리싱타일
창호재 : 미국식 + 독일식 3중 시스템창호

예상 총 건축비 _
921,000,000 원
(부가세 포함, 산재보험료 포함 /
설계비, 인허가비, 구조계산 설계비 별도)

설계비 _
18,600,000 원 (부가세 포함)

인허가비 _
12,400,000 원 (부가세 포함)

구조계산 설계비 _
12,400,000 원 (부가세 포함)

인테리어 설계비 _
12,400,000 원 (부가세 포함)

건축비 외 부대비용 _
대지구입비, 가구 (싱크대, 신발장, 붙박이장),
기반시설 인입 (수도, 전기, 가스 등),
토목공사, 조경비 등

/ 1F PLAN /

/ 2F PLAN /

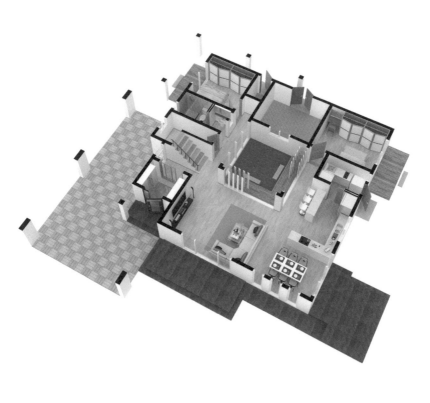

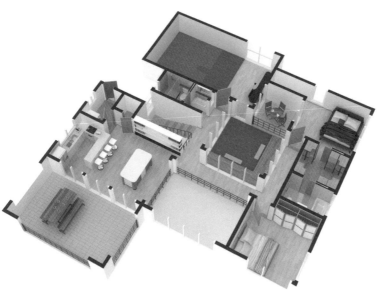

| 이동혁 건축가 : | 집 안에 중정이 있다는 것. 밖에 나가지 않아도 비와 눈이 오는 풍경을 집 안에서 볼 수 있다는 것은 자연이라는 액자를 집 안에 3D로 구현한 것이기도 합니다. 중정이 매력적인 공간이라는 것은 알았지만 소형 평수에서는 쉽게 적용하게 어려웠습니다. 하지만 이번 주택처럼 100평이 넘는 주택에서는 채광, 환기, 자연, 감성 등 이 모든 것을 아우를 수 있는 중정을 과감히 적용했고 어느 곳도 어둡지 않고 항상 밝을 수 있게 설계했습니다. |

| 정다운 건축가 : | 큰 면적의 주택인 만큼 기존 주택과 다른 방법으로 설계했습니다. 각 층에 별도의 주방을 만들어 1층에선 식사를 하고 BAR처럼 꾸민 2층에선 손님을 응대 할 수 있는 공간으로 기획했습니다. 거실 오픈천장과 중정을 오픈해 1층과 2층이 유기적으로 연결된 것처럼 느낄 수 있게 했고, 개방감을 느낄 수 있도록 남향에 큰 창을 내어 자연이 내부로 자연스럽게 들어올 수 있게 했습니다. |

| 임성재 건축가 : | 각 공간별 데크라는 재밌는 공간이 만들어진 것을 볼 수 있습니다. 하나의 큰 데크를 만드는 것이 일반적인데 이번 주택은 방에서도 데크로 나갈 수 있도록 하고, 주방과 거실 그리고 2층 발코니까지 동선이 외부로 확장되도록 만들었습니다. 각 공간에 별도의 데크를 만들었기 때문에 자연스러운 외부활동을 할 수 있게 만들었고, 방이라는 공간의 답답함을 잠시나마 해소 할 수 있는 나만의 프라이빗한 쉼터의 역할을 할 수 있게 했습니다. |

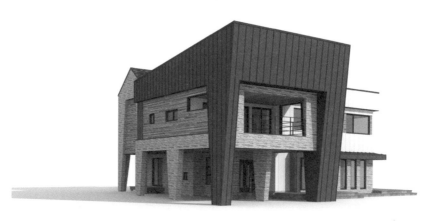

36평, 청초함과 깨끗함을 입다

: '도심형 전원주택 단지에 특화된 주택을 목표로 한 프로젝트.'

깨끗하며 고급스럽고, 볼륨감과 젊은 느낌이 드는 집. 참 어려운 키워드네요. 하지만 이 키워드를 만족하는 주택을 짓는다면 누가 봐도 예쁘고 멋진 꼭 살아보고 싶은 집이라고 생각할 것입니다.

이번 주택은 그동안 사용했던 스타코플렉스에서 벗어나 세라믹사이딩을 외장재로 사용했습니다. 세라믹사이딩을 그동안 많이 사용하지 않은 이유는 단 하나입니다 '비용'. 제품과 디자인 모두 좋지만 설계할 때 건축주님께 권해드리면 가격을 보고 놀라는 분이 많았습니다.

홈트리오는 왜 벽돌이나 다양한 외장재를 사용하지 않는지 물어오시는 분이 계셨어요. 정확히 말씀드리면 사용하지 않는 것이 아니라, 건축주님께 제안해도 비용 문제로 사용하지 못한 현장이 대부분이었습니다. 좋은 것은 알지만 비용이 해결되지 않으니 참 안타까운 상황이 생기는 것이죠.

예산은 정해져 있는데 갑자기 외장재 비용으로 2천만 원 이상 더 내야 한다고 하면 쉽게 감당하기 어려운 것이 현실입니다.

"그래도 기획모델 하나쯤은 적용해 봐도 좋지 않을까?"

외장재를 선호도 순위로 나열한다면, 제 생각에 1위는 세라믹사이딩이 될 것입니다. 다양한 패턴의 노후되 보이지 않는 깨끗하고 단단한 외장재. 오염이 적고 유지관리가 편한 외장재. 내진에 강한 성능을 가진 외장재. 장점은 이미 많이 공개되어 있으니 여러분도 잘 알고 계실 것으로 생각합니다.

이런 이유로 히든페이지 기획모델의 전체 외장을 세라믹사이딩으로 정하고 리얼징크로 포인트를 줘 완벽한 도심형 단독주택으로 만들었습니다.

목조주택 공법으로 내진과 단열성능을 높이고, 경사지붕으로 누수의 위험을 낮췄으며 가벽을 설치해서 외부에서 봤을 때 박스형 디자인의 모던함을 느낄 수 있도록 했습니다.

외벽을 화이트톤으로 마감하는 것은 많은 용기가 필요합니다. 다른 색상보다 오염이 잘되거든요. 하지만 세라믹사이딩으로 마감했기 때문에 오염에 대한 부담을 많이 덜 수 있었습니다.

이번 기획모델 소개에선 세라믹사이딩에 대한 찬양만 한 것 같네요. 그동안 설계하면서 세라믹사이딩을 사용하지 못한 한이 남았나 봅니다.

세라믹사이딩을 선택하는 분은 이것만 주의하시면 됩니다.
'예뻐 보이는 외장재는 비싸다.'

#세라믹사이딩 #모던의정석 #박스형주택 #젊은분위기 #도심형주택

36평, 청초함과 깨끗함을 입다

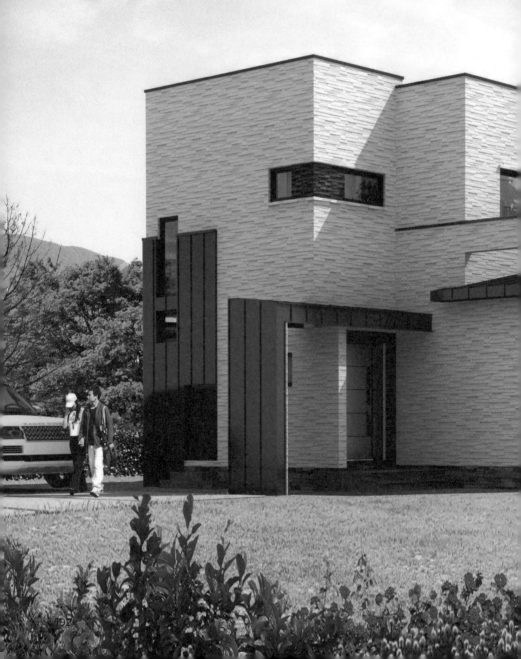

HOUSE **PLAN**

공법   : 경량목구조
건축면적 : 119.21 m²
1층 면적 : 74.58 m²
2층 면적 : 44.63 m²

지붕마감재 : 리얼징크
외벽마감재 : 세라믹사이딩
포인트자재 : 리얼징크
벽체마감재 : 실크벽지
바닥마감재 : 강마루
창호재 : 미국식 3중 시스템창호

예상 총 건축비 _
238,000,000 원
(부가세 포함, 산재보험료 포함 /
설계비, 인허가비, 구조계산 설계비 별도)

설계비 _
5,400,000 원 (부가세 포함)

인허가비 _
3,600,000 원 (부가세 포함)

구조계산 설계비 _
3,600,000 원 (부가세 포함)

인테리어 설계비 _
3,600,000 원 (부가세 포함)

건축비 외 부대비용 _
대지구입비, 가구 (싱크대, 신발장, 붙박이장),
기반시설 인입 (수도, 전기, 가스 등),
토목공사, 조경비 등

/ 1F PLAN /

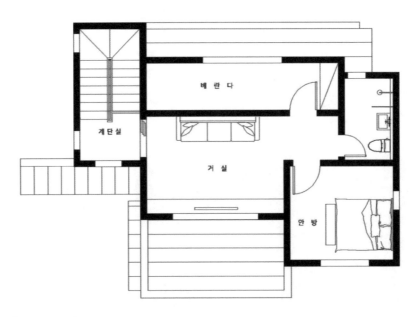

/ 2F PLAN /

이동혁 건축가 :　　　　　　세라믹사이딩은 이번 주택처럼 전체를 감싸는 형태로 사용하는 것이 바르다고 생각합니다. 아무래도 외장재 자체의 두께가 있어 다른 자재와 혼합해 사용할 경우, 맞닿는 부분에 경계가 생기고 그 부분이 결국 깔끔해 보이지 않는 단점이 생기기 때문입니다. 세라믹사이딩의 가장 큰 장점은 다양한 패턴과 색상이라고 할 수 있습니다. 또한, 다른 외장재보다 오염에 강하다는 장점이 있습니다. 단점은 비싸다는 것이죠. 세라믹사이딩을 사용해 디자인할 경우 생각보다 세심한 고려가 필요합니다. 모던스타일에 잘 어울리는 자재라서 박스형 입면을 많이 사용하는데, 자칫하면 창고처럼 보이기 때문에 무조건 세라믹사이딩을 사용하기보다 전체적인 디자인을 같이 생각하면서 외장재를 선택해야 합니다.

정다운 건축가 :　　　　　　목조주택에서 나올 수 있는 최대 크기의 주방과 거실을 만들었습니다. 가장 긴 폭이 5m를 넘을 수 없기 때문에 4.8m를 최대치로 생각하고 계획하면 됩니다. 30평은 공간을 작게 나눠 벽을 세우기보다 이번 주택처럼 현관에서부터 탁 트인 개방감을 느낄 수 있도록 거실과 주방을 하나의 공간으로 만들고, 무리해서 공간을 나누기보다 꼭 필요한 실만 만든 후 나머지 공간은 가족실과 베란다 등으로 만들었습니다. 아파트처럼 획일화된 평면이 아닌, 정말 우리 가족을 위한 설계를 하는 것이 좋습니다.

임성재 건축가 :　　　　　　모던한 박스형으로 주택디자인을 할 때 늘 하는 고민이 '창고처럼 보이면 안 되는데' 입니다. 비싼 외장재를 사용하고도 멀리서 보면 창고처럼 보이는 주택이 있습니다. 젊은 건축가의 한 사람으로서 '왜 저렇게 지었을까?' 하는 의문이 드는 건물입니다. 물론 건축주의 요청이었다면 할 말은 없지만 설마 그런 창고 같은 집을 원했을 리는 없다고 생각합니다. 결국 실패한 디자인이라고 생각합니다. 모던함에 너무 집중해 입체감이나 볼륨감 없이 완벽한 박스형태로 집을 지으면 깔끔해 보일 수는 있지만 자칫 정말 창고처럼 보입니다.

집은 집답게 그리고 최대한 볼륨감과 입체감을 느낄 수 있게 디자인해야 한다는 것을 꼭 기억하세요.

예쁜집에 사는 것

보는 것만으로 흐뭇한 미소가 피어납니다.

예쁘다는 것.
정확하게 표현할 수 없지만,
우리 집이 예쁘다는 것은 알아요.

봄에는 꽃향기가 나는 듯하고,
여름에는 촉촉한 빗소리를 선물해주죠.
가을에는 붉게 물든 단풍잎을 안겨주며,
겨울에는 뽀송뽀송한 눈꽃송이를 바람에 실어주는...

예쁘다는 말을 감성적인 내 마음으로 표현하면
이렇게 이야기 할 수 있을 것 같아요.

4인 가족 스마일 하우스

: '박공지붕을 사랑하는 건축가.'

박공지붕을 촌스럽다고 하는 사람이 있지만, 하자율이 제로에 가깝다는 것을 모르고 하는 말일 것입니다. 모든 집의 누수는 평지붕에서 시작합니다. 물이 고이면 집 안으로 샌다는 뜻입니다. 아무리 좋은 방수제품도 언젠가는 깨집니다. 특히 목조주택은 누수의 위험이 크게 다가오는데요. 철근콘크리트 건물은 시멘트에 물이 스며드는 시간이 있어 그나마 물이 덜 새는 것처럼 느껴지지만, 목조건물은 방수층이 뚫리는 순간 바로 비가 줄줄 샙니다.

안전한 집 짓기는 2가지만 잘 지키면 됩니다.

첫째, 지붕은 무조건 덮고 경사도를 확실히 만들 것.

둘째, 옥상은 만들지 말 것.

두 조건이 이야기하는 것은 결국 하나입니다.

"비가 새지 않아야 하는 것."

비 안 새고 따뜻하면 집 잘 지었다는 이야기를 들을 수 있습니다. 하지만 이 두 가지를 지키지 못해 서로 다투는 것이죠.

"집" 그리고 왜 집 짓기 시작했는지 고민하는 일.

남을 따라 할 필요는 없습니다. 내가 원하는 것을 확실히 넣고 나머지는 비우면서 처음 세운 예산 안에서 집을 완성하면, 그 집이 나만을 위한 최고의 집입니다.

'단순하고 간결하며, 군더더기 없는 집.'

지금은 이해하기 어렵겠죠. 하지만 저희가 설계하고 시공하는 집을 살펴보면 "아! 이 건축가는 이런 집을 짓는구나"라고 깨닫게 될 겁니다.

실용성을 강조한 주택, 가성비 높은 주택, 앞선 모든 내용을 함축한 집.
이번 월간 홈트리오 10월호 첫 번째 모델은, 바로 그런 집입니다.

#4인가족주택 #단정함 #가성비주택 #예쁜전원주택 #아이들이뛰노는곳

4인 가족 스마일 하우스

HOUSE **PLAN**

공법   : 경량목구조
건축면적 : 123.07 m²
1층 면적 : 79.89 m²
2층 면적 : 44.18 m²

지붕마감재 : 아스팔트슁글
외벽마감재 : 스타코플렉스
포인트자재 : 파벽돌, 루나우드,
                   세라믹사이딩
벽체마감재 : 실크벽지
바닥마감재 : 강마루
창호재 : 미국식 3중 시스템창호

예상 총 건축비 _
192,000,000 원
(부가세 포함, 산재보험료 포함 /
설계비, 인허가비, 구조계산 설계비 별도)

설계비 _
5,550,000 원 (부가세 포함)

인허가비 _
3,700,000 원 (부가세 포함)

구조계산 설계비 _
3,700,000 원 (부가세 포함)

인테리어 설계비 _
3,700,000 원 (부가세 포함)

건축비 외 부대비용 _
대지구입비, 가구 (싱크대, 신발장, 붙박이장),
기반시설 인입 (수도, 전기, 가스 등),
토목공사, 조경비 등

/ 1F PLAN /

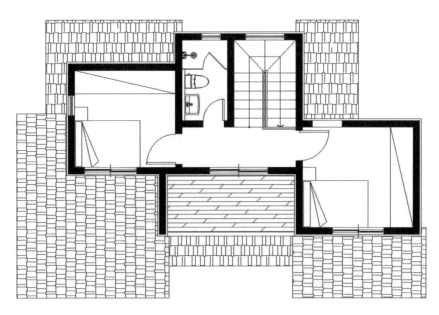

/ 2F PLAN /

이동혁 건축가 : '어떤 외장재를 선택해야 집이 예뻐 보일까?' 하는 고민. 건축가로서 너무 잘 이해하고 있습니다. 하지만 정말 원하는 외장재를 선택하고도 비용을 고려하지 않아 난감해지는 상황을 마주친다는 것이 문제입니다. 예산이 충분하다면 이런 고민도 없겠지만 반드시 '가성비'를 고려해야 아슬아슬하게 예산 안에서 집을 완성 할 수 있는 분들이 더 많습니다. 그래서 너무 고민하지 말고 깔끔한 스타코나 테라코트를 선택하라고 권합니다. 가벼워 보인다고도 하지만 하자가 적고 비교적 시공비가 낮다는 장점이 있어요. 다양한 색상을 적용할 수도 있고요. 비싼 외장재는 포인트로 사용하고 전체적인 비용을 줄여서 좋은 싱크대를 사는 것을 추천합니다. 남에게 보이기 위한 것이 아닌 정말 내가 사용하는 것에 투자하세요.

정다운 건축가 : 30평형에서는 무리하게 공간을 나누기보다 합쳐서 넓은 개방감을 느끼도록 하는 것이 좋습니다. 실제로 지어놓고 보면 30평도 작다고 하는 분이 많거든요. 공용공간은 공용공간끼리 합친 후 현관을 중심으로 개인공간을 분리해서 동선의 얽힘을 없애는 것이 좋습니다. 30평형에서는 되도록 공용공간을 합쳐 하나의 넓은 공간으로 만들어야 한다는 것을 기억하세요.

임성재 건축가 : 특별한 설계가 좋은 설계라고 생각한 때가 있었지만 많은 집을 설계하고 짓다 보니 그 생각이 꼭 정답은 아니라는 것을 알았습니다. 익숙한 공간, 자다가 일어나 비몽사몽으로 걸어도 괜찮은 공간, 아파트에 익숙한 우리가 처음 전원생활을 시작할 때 거리감이 느껴지지 않는 그런 집. 이번 주택은 그런 생각으로 설계한 집입니다.

양양의 랜드마크를 그리다

: '집을 짓는 꿈, 그 꿈을 위한 노력.'

바다의 매력을 물씬 느낄 수 있는 양양에 랜드마크를 짓는 프로젝트를 시작했습니다. 서울에서 멀고, 타지역에 비해 집 짓기에 관심이 낮은 지역이라서 지금까지 지어진 주택들은 클래식스타일이나 북유럽 스타일의 기와집 디자인이 대부분이었습니다.

이곳에 집을 짓는 연령도 높아 노후에 집을 짓거나 세컨드 하우스로 작게 짓는 분이 대부분이라 모던한 디자인의 주택은 찾아보기 힘들었습니다.

"양양에서 보기 드문 멋진 집을 지으려면 어떻게 해야 할까?"

서울이나 경기도처럼 많은 건축비를 쓸 수 없는 상황이라, 한정된 예산 안에서 독특한 느낌의 디자인을 해야 한다는 고민이 컸습니다.

예산이 정해져 있기 때문에 많은 자재를 사용하기보다는 정말 건축주님이 원하는 부분에 집중했고, 외장재에 사용하는 비용을 철저히 통제하면서 평면으로 볼륨감을 느낄 수 있도록 입체 패턴으로 집을 만들었습니다.

4면 어느 곳에서 봐도 입체적인 볼륨과 매스를 느끼려면 매스를 많이 분절하고 지붕의 경사라인을 쪼개야 합니다.

정면을 모던한 박스형으로 만들기 위해 지붕을 뒤쪽으로 감추고, 2층 가족실을 앞으로 돌출 시켜 자연스럽게 1층에 포치가 생기게 했습니다.

이 집의 가장 큰 매력은 주방과 거실 앞으로 펼쳐지는 데크, 파고라입니다.

활동공간은 벽이 있어야 한다고 단순히 생각하기 쉽지만 벽 없이 뚫려 있어도 얼마든지 활동이 가능한 공간이라는 것을 보여주는 장치가 이 파고라입니다.

주방에서 요리하고 큰 통창을 통해 밖으로 나가면 단단한 석재데크가 맞아주고, 비를 막아주는 파고라 아래서 따스한 봄날 열리는 가든파티. 더 설명하지 않아도 이 공간의 높은 활용도를 바로 아셨을 겁니다.

거실부터 주방까지 막힘없이 답답함을 없애는 대공간으로 설계해서, 현관에 들어서면 극대화된 개방감을 느낄 수 있습니다.

외장재 쓸 금액을 아껴서 내부 화장실과 주방의 싱크대에 투자했고 수수하지만 깨끗하고 단순하지만 정돈된 느낌의 집으로 완성했습니다.

#모던함의상징 #4인가족주택 #아이를위한집 #마음껏뛰노는집 #모던스타일목조주택

양양의 랜드마크를 그리다

HOUSE **PLAN**

공법	: 경량목구조
건축면적	: 147.92 m²
1층 면적	: 94.89 m²
2층 면적	: 53.03 m²

지붕마감재 : 아스팔트슁글
외벽마감재 : 스타코플렉스
  + 테라코트 플렉시텍스
포인트자재 : 파벽돌, 루나우드
벽체마감재 : 실크벽지
바닥마감재 : 강마루
창호재 : 미국식 3중 시스템창호

예상 총 건축비 _
298,000,000 원
(부가세 포함, 산재보험료 포함 /
설계비, 인허가비, 구조계산 설계비 별도)

설계비 _
6,750,000 원 (부가세 포함)

인허가비 _
4,500,000 원 (부가세 포함)

구조계산 설계비 _
4,500,000 원 (부가세 포함)

인테리어 설계비 _
4,500,000 원 (부가세 포함)

건축비 외 부대비용 _
대지구입비, 가구 (싱크대, 신발장, 붙박이장),
기반시설 인입 (수도, 전기, 가스 등),
토목공사, 조경비 등

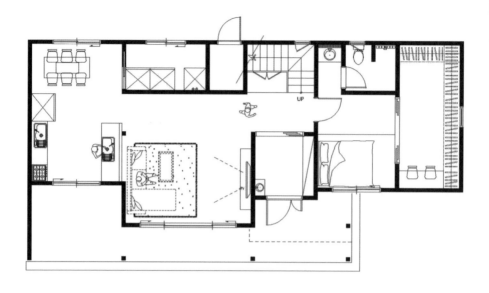

/ 1F PLAN /

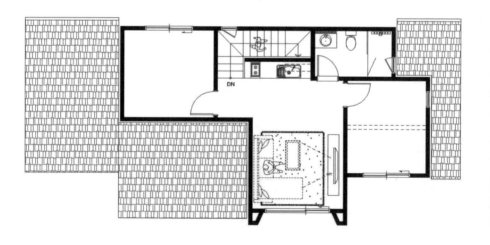

/ 2F PLAN /

이동혁 건축가 :

안방보다 큰 드레스룸, 거실보다 큰 주방 공간 그리고 넓은 데크와 파사드. 일반적인 주택설계와 다른 방향으로 설계한 주택입니다. 전원주택은 아파트와 다르게 나와 내 가족의 라이프스타일에 맞춰 설계 할 수 있습니다. 내가 가장 많이 사용하는 공간과 꼭 필요한 공간 위주로 평면을 구성하고 동선을 짤 수 있다는 뜻입니다. 아파트 평면에서 시작하지 않으셔도 돼요. 정말 자유롭게 공간을 구성하기 바랍니다.

정다운 건축가 :

1층뿐 아니라 2층에도 TV를 보고 책을 읽을 수 있는 가족실을 별도로 만들었습니다. 2층 전체를 활용 할 수 있게 계획했습니다. 침실은 잠을 자고 공부를 하는 공간입니다. 하지만 잠시 머리를 식히고 기분 전환 할 수 있는 공간이 필요할 것입니다. 이 문제는 1층의 파사드나 2층의 가족실처럼 영역성을 환기해 줄 수 있는 공간으로 해결 할 수 있습니다.

임성재 건축가 :

디자인할 때 많이 고민했습니다. 모던하고 그동안 양양에서 보지 못한 집을 만들어야 했기 때문입니다. 다양한 레벨의 매스를 만들고 지붕의 경사를 섞어 쓰면서 자연스럽게 볼륨감을 극대화 할 수 있게 디자인했습니다. 특별한 외장재 없이 루나우드와 스타코플렉스의 색 조합만으로 유니크한 입면을 완성했습니다.

외관 디자인이 고민이세요? 특히 모던한 스타일을 원하는 분은 이번 주택 디자인을 참고하기 바랍니다.

푸른 하늘빛을 머금다

: 강화도, 섬이라는 특수성.
그 아름다운 공간에서 하는 전원생활.
새로움의 시작, 활력을 얻는 출발점.

이 땅에 어떤 집을 지을까? 많이 고민했습니다.
자연경관을 해치지 않으면서 원래 그 자리에 있었던 듯한 집.
무던히 자신의 색으로, 스스로 빛내는 집.
하얀 무명옷에 단 하나의 포인트를 준, 그런 느낌의 집.
이번 모델은 그런 느낌을 담은 주택으로 설계했습니다.

잡지 속 유명인의 집을 보면 온갖 고급 자재로 마감되어 휘황찬란 합니다.
솔직히 부럽습니다. 좋은 것을 보고 "별로에요"라고 말하는 것은 거짓말이죠.
부럽다는 것이 솔직한 말일 것입니다.

하지만 우리는 무조건 좋은 자재, 비싼 자재를 사용해 집을 지을 수 없습니다. 알맞은 정도에서 가성비 높은 자재를 사용해 집을 짓는 것, 실용주의 건축가의 한 사람으로서 이 문제를 풀기 위해 건축을 하는 것인지도 모르겠습니다.

어떤 분이 저에게 그러더군요.
"너무 좋게는 말고, 중급으로 집을 지어주세요"

"하... 죄송합니다."

어려워요. 건축주님이 원하는 중급의 기준이 뭔지 모르겠어요.

그래서 보통 첫 번째 상담은 계약 미팅이 아닌 공부 시간이 됩니다.

건축주님의 머릿속에 혼재된 정보를 한 곳으로 모으고, 현재 가진 예산으로는 불가능하다는 살벌한 현실을 깨닫게 하는 시간을 2시간 정도 갖습니다.

"죄송하지만 나중에 당황하는 것 보다 지금 미리 아는 것이 속 편하세요"

공짜로 집을 지어주는 사람은 이 세상에 없습니다. 마진을 남기지 않고 건축주님의 집을 지어주는 천사는 존재하지 않습니다. 누구든 적정 마진은 남겨야 합니다. 정확한 가격에 계약대로 시공해주기만 해도, 그 사람이 착한 사람입니다.

맞아요, 우리는 현실을 알고, 현실에 맞게 집을 지어야 합니다.

"저 집은 왜 저렇게 지었지? 나 같으면 절대로 저렇게 안 해!"
"난 해외 풀빌라처럼 큰 창을 내고 기하학적으로 디자인 할 거야"

올라가고 있습니다. 쭉쭉쭉~

여러분도 들리시죠? 건축비 올라가는 소리.

엄청난 부자가 아닌 이상 보통 '시장가'라는 집 짓기 비용 안에서 집을 짓습니다. '시장가'라는 가격은 정말 많은 사람이 "이 정도면 괜찮은 집이야"라고 생각하며 지은 집의 평균값입니다. 다시 말해 어느 정도 가성비 높고, 검증된 집의 가격입니다.

여러분에게 조언합니다.

"욕심내지 않고 비워도 충분히 좋은 집이 될 수 있습니다."

"외관을 너무 중요하게 생각하지 마세요. 남에게 잘 보일 이유는 없어요."

"차라리 돈을 아껴서 여유자금으로 갖고 계세요."

"저 돈 많이 벌게 해주지 않아도 돼요. 외벽에 조금 덜 붙여서 건축비를 낮추세요."

"내장재에 돈을 많이 쓰지 마세요. 일반 벽지와 강마루로 충분해요. 돈을 아껴서 좋은 가구를 사세요."

#강화도전원주택 #가성비주택 #4인가족주택 #가변형벽 #개방감짱

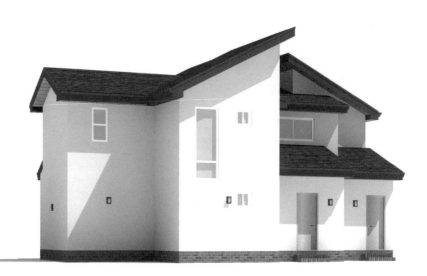

푸른 하늘빛을 머금다

HOUSE **PLAN**

공법　　　: 경량목구조
건축면적　: 133.37 m²
1층 면적　: 72.76 m²
2층 면적　: 60.61 m²

지붕마감재 : 아스팔트싱글
외벽마감재 : 스타코플렉스
포인트자재 : 파벽돌
벽체마감재 : 실크벽지
바닥마감재 : 강마루
창호재 : 미국식 3중 시스템창호

예상 총 건축비 _
222,000,000 원
(부가세 포함, 산재보험료 포함 /
설계비, 인허가비, 구조계산 설계비 별도)

설계비 _
6,000,000 원 (부가세 포함)

인허가비 _
4,000,000 원 (부가세 포함)

구조계산 설계비 _
4,000,000 원 (부가세 포함)

인테리어 설계비 _
4,000,000 원 (부가세 포함)

건축비 외 부대비용 _
대지구입비, 가구 (싱크대, 신발장, 붙박이장),
기반시설 인입 (수도, 전기, 가스 등),
토목공사, 조경비 등

219

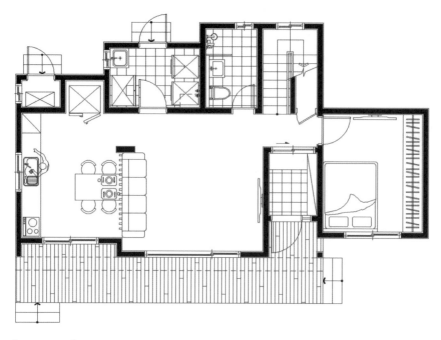

/ 1F PLAN /

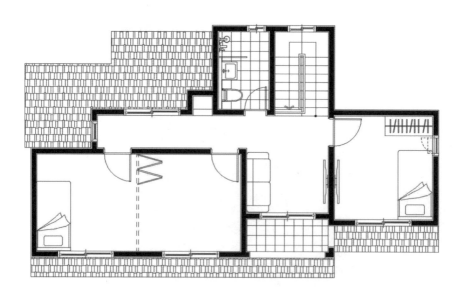

/ 2F PLAN /

PART**10**

이동혁 건축가 :　　　　　　　　　두 자녀를 둔 4인 가족과 자녀가 커서 곧 분가해야 하는 집은 이번 평면을 잘 보세요. 2층 방에 폴딩도어 형식으로 가벽을 만들었습니다. 자녀가 거주할 동안은 폴딩도어를 닫아 구분된 공간으로 사용하고 추후 분가했을 때는 폴딩도어를 접어 넓은 다목적 공간으로 사용할 수 있습니다. 소음 때문에 걱정하는 분이 계시는데 무리하게 벽을 만들기보다 커튼 등의 액세서리로 해결 할 수 있습니다.

　　　　　　　　　공간의 확장성과 다양한 용도로의 활용성. 이번 주택은 이런 조건을 만족한 주택모델 입니다.

정다운 건축가 :　　　　　　　　　1층 하단부는 벽돌 포인트로 무게감을 잡고, 2층은 화이트톤 스타코플렉스로 마감해 깨끗한 디자인으로 완성했습니다. 집 외벽 오염을 걱정하는 분이 많습니다. 하지만 저희가 시공한 집을 1년 뒤에 다시 방문했을 때, 걱정하는 것만큼 심한 오염은 거의 없었습니다. "왜 그럴까요?" 딱 한 가지 이유를 알고 있습니다. 바로 '처마'입니다. 처마가 없는 집은 어떤 외장재를 사용하든 오염을 피할 수 없습니다. 하지만 디자인을 조금 양보하고 처마를 15cm 이상 만들어 주면, 외벽을 항상 깨끗하게 유지 할 수 있습니다. 디자인은 취향이죠. 취향을 조금 양보하면 깨끗한 외벽을 가질 수 있는데 계속 취향만 고집하실 건가요?

임성재 건축가 :　　　　　　　　　30~40평 초반의 주택 그리고 2층 주택이라면 사실 엄청 크다고 할 수 없습니다. 60평 이상이 돼야 중형이라 말 할 수 있고 그 이하는 소형평수로 구분됩니다. 이 평형의 주택을 설계할 때 가장 중요하게 생각하는 것은 현관에 들어섰을 때 느껴지는 개방감입니다. 넓고 시원하게 살려고 전원주택을 지었는데 현관에서부터 답답하다면 집 지은 것을 후회하겠죠. 거실과 주방을 최대한 10평 정도의 탁 트인 하나의 공간으로 만들려고 노력합니다. 주방을 보이지 않게 하려는 분도 계시는데, 개방감과 영역성 이 두 가지 중 하나를 선택해야 한다면 전 개방감을 많이 추천합니다. 전원주택을 설계할 때는 개방감을 주는 공간구성이 제일 첫째라는 것을 꼭 기억하세요.

마음속에 간직했던 꿈

마음속에만 간직했던 꿈.
동심 속 많은 꿈속에 숨겨져 있던 하나의 꿈.
나만의 아지트를 가지는 상상.

"만화에 나오는 집 앞 나무 위의 오두막이 그렇게 부러웠어요."
"친구들과 우리만의 아지트를 만들려고 그렇게 애썼는데."
"어른이 되면 모두 나무 위 집을 가질 수 있는 줄 알았어."

아직 늦지 않았어요.
아름드리나무 위에 나만의 집을 짓는 상상.

어서 친구들을 부르세요.
오늘 밤은 우리만의 아지트에서 수다 떨며 밤을 지새울 겁니다.

자연주의 중정을 품다

: 자연 속에 빠진 느낌.
집 안에서 항상 자연을 느낄 수 있는, 그런 공간.

목조주택 공법에 외장재로 청고벽돌 느낌의 파벽돌과 리얼징크를 조합해, 차가우면서도 자연친화적으로 디자인했습니다. 젊은 건축주의 취향에 맞는 모던스타일 디자인에 매스분절로 자연스럽게 볼륨감을 살렸습니다.
일반적인 평면구성에서 더 나아가 각 공간의 영역이 구분될 수 있도록 했고, 중정으로 공용공간과 개인공간의 경계를 만들어 서로를 구분했습니다.

외부에 드러난 중정은 이 집의 심장 역할이며 채광과 통풍, 감성적인 분위기 등 여러 역할을 동시에 합니다.
중정은 분명히 매력적인 공간이지만 소형평수에서는 적용하기 어렵습니다. 어설프게 넣으면 낭비되는 공간이 생기고, 중정 주변으로 자연스럽게 복도가 생겨서 방으로 활용하지 못하는, 낭비 아닌 낭비가 돼버립니다.

주택은 상가나 갤러리 같은 공간과는 시작이 다릅니다.
데드 스페이스로 동선을 구분하며, 최대한 공용공간과 개인공간에 면적을 집중합니다.

60평이 넘는 이번 주택은 중대형 평수로, 중정 하나만으로도 아파트와 완전히 다른 평면구성과 실내공간을 갖습니다.

목조공법을 선택하는 가장 큰 이유는 '비용' 때문입니다.

철근콘크리트 공법이나 스틸하우스 공법도 많이 사용되지만, 목조공법이 낮은 하자율과 높은 단열성 그리고 뛰어난 가성비를 갖는 것은 분명한 사실입니다.

목조주택을 가볍게 느끼는 분은 이번 모델처럼 목조공법이지만 단단함이 느껴지는 벽돌로 외부를 마감해서 목조공법과 돌 외장재의 장점 모두를 취하면 됩니다.

상담할 때 해외사례를 많이 가져오시는데, 추위를 안 타면 괜찮지만, 한겨울에 추위를 많이 탄다면 창문의 면적은 줄이는 것을 추천합니다. 예뻐 보이는 것과 실생활에 효용성이 높은 것은 다릅니다.

덜 예뻐도 따뜻한 것이 좋고, 하자가 적은 설계와 디자인이 좋습니다.

#중정의매력 #청고벽돌 #목조주택 #신혼부부주택 #젊은감성

자연주의 중정을 품다

HOUSE **PLAN**

공법　　　: 경량목구조
건축면적 : 226.06 m²
1층 면적 : 102.49 m²
2층 면적 : 99.72 m²
다락 면적 : 23.85 m²

지붕마감재 : 아스팔트슁글
외벽마감재 : 파벽돌 (청고벽돌st)
포인트자재 : 파벽돌, 리얼징크
벽체마감재 : 실크벽지
바닥마감재 : 강마루
창호재 : 미국식 + 독일식 3중 시스템창호

예상 총 건축비 _
412,800,000 원
(부가세 포함, 산재보험료 포함 /
설계비, 인허가비, 구조계산 설계비 별도)

설계비 _
10,200,000 원 (부가세 포함)

인허가비 _
6,800,000 원 (부가세 포함)

구조계산 설계비 _
6,800,000 원 (부가세 포함)

인테리어 설계비 _
6,800,000 원 (부가세 포함)

건축비 외 부대비용 _

대지구입비, 가구 (싱크대, 신발장, 붙박이장),
기반시설 인입 (수도, 전기, 가스 등),
토목공사, 조경비 등

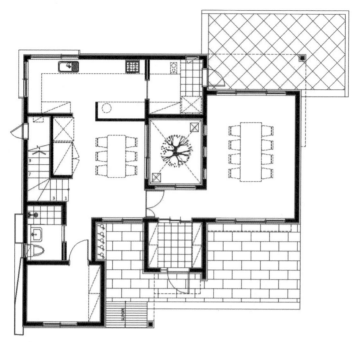

/ 1F PLAN /

/ 2F PLAN /

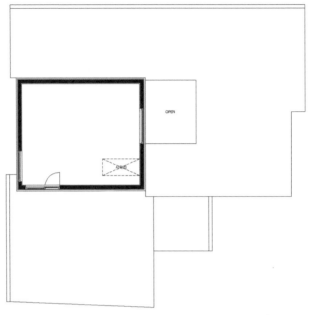

이동혁 건축가 :

목조주택의 장점을 살리면서 벽돌의 단단함을 함께 만족시킨 이번 주택 디자인은, 그동안 가벼운 느낌을 싫어해서 고민했던 분에게 참고가 될 주택이라고 생각합니다. 외관 이미지에 너무 스트레스받지 마세요. 설계에서 해결 할 수 있는 방법이 많이 있습니다.

정다운 건축가 :

1층은 식당과 주방에 대부분의 공간을 할애하고 개인공간의 성격이 강한 2층에 거실을 만들어서 가족만을 위한 거실로 완성했습니다. 거실은 1층에 있어야 한다는 고정관념, 이제는 깨도 됩니다.

임성재 건축가 :

스타코플렉스가 가볍게 느껴진다면 과감하게 무게감이 느껴지는 벽돌을 선택하세요. 어설픈 패널보다 차라리 벽돌이 좋다고 생각합니다. 어설프게 사용하기보다는 확실하게 집 전체를 벽돌로 디자인하면 오염에 대한 걱정도 없고 외관이 가벼워 보이는 걱정도 완벽히 없앨 수 있습니다. 다만, 비용 부담이 늘어난다는 것은 참고하세요.

부모님을 위한 고향집

: 언제나 나를 반겨주는 고향 집.
포근하고 든든히 언제라도 나를 반갑게 맞이해 주는 집.

노후된 집을 떠나 부모님을 새롭게 모실 집을 짓기로 했습니다.
단층에 30평형 2억 초반의 안정감 있는 벽돌집.

단열이 좋은 목조공법에 단단한 파벽돌로 외부를 마감하고 리얼징크로
포인트를 줘 촌스럽지 않고 트렌드에 맞는 세련된 집으로 완성했습니다.

화려하지 않지만 수수한 멋이 살아있는 집.
이번 주택이 바로 그런 집입니다.

늘 그렇듯 한정된 공간에 건축주가 원하는 모든 것을 넣는 것은 정말 어려
운 일입니다. 저희는 이 공간에 건축주가 원하는 모든 요소를 다 넣을 수 없다
는 것을 알고 있습니다. 그렇지만 무조건 안 된다고 하면 꿈에 부푼 건축주님
께 실망을 안겨드리는 것이니 적당한 선에서 포기할 것은 포기하고 얻을 것은
얻는 방법을 선택합니다.

이번 주택은 스타코플렉스를 사용하지 않았습니다. 외장에서 가벼운 이미
지를 완전히 지우기 위해 청고벽돌 스타일의 파벽돌로 집 전체를 마감했습니
다. 아무래도 돌이 무게감은 있지만 오래돼 보인다는 느낌을 지울 수는 없습

니다. 그래서 지붕을 차갑지만 젊은 느낌의 리얼징크로 마감해서 벽돌집이지만 트렌디한 젊음을 느낄 수 있도록 디자인했습니다.

단층집은 단조롭거나 작아 보여서 시골집처럼 촌스러울 거라는 생각을 하진 분이 많습니다. 하지만 이번 주택처럼 큰 비용을 들이지 않고도 지붕의 경사도를 조절해 입체감과 볼륨감을 살릴 수 있습니다.

덧붙여 남향으로 크게 난 통창과 환기를 위해 적절히 배치된 환기창 그리고 조망창.

마지막으로 이 집의 클라이맥스는 거실 소파 뒤쪽의 방입니다.

슬라이딩 도어를 설치해 평소엔 닫아서 방처럼 사용하고 손님이 많이 왔을 때는 슬라이딩 도어를 모두 열어 거실공간을 넓게 확장할 수 있습니다.

별도의 공간을 만들려면 면적이 넓어지기 때문에 이런 가변형 벽을 사용해 추가되는 면적 없이 내가 원하는 공간을 만들 수 있습니다.

#고향집 #포근한느낌 #단단한벽돌 #단층전원주택 #필요한것만남겨놓았다

부모님을 위한 고향집

HOUSE **PLAN**

공법　　 : 경량목구조
건축면적 : 108.00 m²
1층 면적 : 108.00 m²

지붕마감재 : 리얼징크
외벽마감재 : 파벽돌
포인트자재 : 파벽돌
벽체마감재 : 실크벽지
바닥마감재 : 강마루
창호재 : 미국식 3중 시스템창호

예상 총 건축비 _
215,400,000 원
(부가세 포함, 산재보험료 포함 /
설계비, 인허가비, 구조계산 설계비 별도)

설계비 _
4,800,000 원 (부가세 포함)
인허가비 _
3,300,000 원 (부가세 포함)
구조계산 설계비 _
3,300,000 원 (부가세 포함)
인테리어 설계비 _
3,300,000 원 (부가세 포함)

건축비 외 부대비용 _
대지구입비, 가구 (싱크대, 신발장, 붙박이장),
기반시설 인입 (수도, 전기, 가스 등),
토목공사, 조경비 등

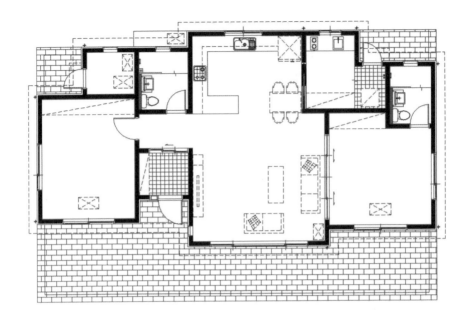

/ 1F PLAN /

이동혁 건축가 :

　　30평대 집에서 무리하게 방을 만드는 것은 어리석은 일입니다. 한정된 공간을 갑자기 늘리는 마법은 없습니다. 어차피 그 면적 안에서 원하는 공간을 만들어야 하는데 방에 생각이 치우쳐서 가장 중요한 주방과 거실 공간을 말도 안 되게 낭비하는 분이 있습니다. 현관에서부터 느껴지는 탁 트인 개방감을 제1순위로 놓아야 하며, 답답함을 없애고 가변형 공간을 만들어 확장하는 것이 현명합니다.

정다운 건축가 :

　　요즘은 목조데크보다는 석재데크를 추천하는 편입니다. 초기 비용이 조금 더 들어가는 문제가 있지만 10년 이상 중장기로 계산하면 유지관리비용이 적게 들어 훨씬 이득입니다.

　　석재 데크도 종류가 정말 다양합니다. 두꺼운 블록을 까는 방식도 있고, 기초를 튼튼하게 양생한 뒤 얇은 석재판을 까는 방식도 있습니다. 내가 원하는 취향에 맞춰 시공하면 되고, 색감이나 질감 등도 선택 가능하니 폭넓게 선정하시면 되겠습니다.

임성재 건축가 :

　　스타코플렉스의 가성비는 좋지만 가볍게 보여 싫어하는 분이 계십니다. 이런 분에게 제가 고집부리면서 스타코플렉스를 추천하지는 않습니다. 건축주님의 취향은 분명 존중되어야 하니까요. 하지만 비용 부담이 있으니 조적식보다는 파벽돌 형식으로 붙이는 방식을 추천해 드리고, 너무 화려한 것보다는 무채색 계열의 백고벽돌이나 청고벽돌을 많이 추천합니다. 벽돌은 젊은 느낌보다 오래되고 노후한 이미지가 많습니다. 그래서 이번 주택처럼 징크를 함께 사용해서 벽돌의 질감과 리얼징크의 젊고 차가운 느낌이 조화를 이루도록 했습니다. 많은 포인트가 들어가지 않아도 멋진 집을 만들 수 있고, 단층이지만 작지 않고 단단한 이미지의 집을 만들 수 있습니다.

시크한 매력의 향기

: 차가운 도시 남자가 생각나는 집.

독특하지만 군더더기 없는 모양의 집입니다. 지하주차장을 만들었고 사선 지붕과 외쪽지붕을 서로 다른 경사로 맞물리게 해 그동안 봤던 주택과는 다른 느낌으로 입면을 완성했습니다. 화이트톤 외장에 인조석과 리얼징크를 혼합해 모던함과 청초함 그리고 시크함을 모두 느낄 수 있습니다.

도심형 단독주택 필지에 설계, 시공하는 주택에는 더 많은 생각과 고민을 담게 됩니다. 최근 분양되는 도심형 단독주택 필지엔 디자인 조례로 지붕의 경사나 색상, 외벽 마감재에 대한 조건을 정해놔 미적으로 통일되어 보이는 요건을 미리 만족하게 했습니다. 맞다 틀렸다를 이야기하기 전에 단지 내 주택이 하나의 이미지와 색을 갖는 것은 나쁘지 않다고 생각합니다.

당장 내 땅에 원하는 대로, 내 개성대로 집을 지을 수 없다고 생각할 수도 있지만, 집이 다 지어진 후에는 중구난방 제멋대로 지어진 집들보다 훨씬 정돈되고 통일성 있는, 미적 정서가 느껴질 것입니다.

통일성이라는 단어는 폭넓게 사용됩니다. 지붕의 색만 맞춰도 통일성이 느껴지며, 포인트 외장재의 종류 하나만 맞춰도 통일성 있게 느껴집니다. 예를 들어, 각자 개성대로 옷을 입은 뒤 모자만 같은 종류로 써도 통일성이 느껴지는 집단으로 바뀝니다. 집은 그런 의미에서 더욱 통일성이 두드러집니다.

남과 너무 똑같이 짓는다는 생각은 하지 않아도 됩니다. 통일성이 있어야 하고, 디자인 조례가 있으니 남처럼 똑같이 지어야 하나? 궁금이 생긴 분이 분명히 있을 것입니다. 하지만 절대 그렇지 않습니다. 디자인 조례는 기본 가이드라인일 뿐, 모든 것을 통일하라는 것이 아닙니다. 매스의 입체감과 평면의 공간배치는 얼마든지 자유롭게 계획할 수 있습니다.

이번 주택을 설계하며 지하주차장을 포함해 총 3층의 철근콘크리트 건물을 어떻게 위압감 없이, 과하지 않고 수수한 멋이 나게 할 수 있을지 고민했습니다. 물론 어색한 느낌이 들면 안 되겠죠. 젊은 감각이 느껴지면서도 오버하지 않은, 지나가는 사람이 한 번쯤 돌아볼 수 있는 매력이 존재하는 집.

다양한 경사지붕의 기울기와 평면에서 발생하는 매스분절, 비움의 공간.
화이트톤 마감에 그레이톤 포인트 마감재 사용.
이 모든 것이 집이라는 매개체 안에서 혼합되어 '정돈'이라는 단어로 탄생하기까지.
"여러분의 생각은 어떠세요?"
도심형 단독주택의 새로운 트렌드를 이야기해 줄 수 있는 집.

이번 주택이 집을 지으려는 모든 분에게 다양한 의견을 전해줘 많은 생각이 들게 하는 집으로 시작되길 바랍니다.

#시크함 #도도한여자 #아름다운집 #랜드마크전원주택 #명품단독주택

시크한 매력의 향기

공법　　　 : 철근콘크리트
건축면적 : 429.44 m²
지하 1층 : 119.47 m²
1층 면적 : 150.02 m²
2층 면적 : 149.83 m²
다락 면적 : 10.12 m²

지붕마감재 : 리얼징크
외벽마감재 : 스타코플렉스
포인트자재 : 세라믹사이딩
벽체마감재 : 실크벽지
바닥마감재 : 강마루
창호재 : 미국식 + 독일식 3중 시스템창호

예상 총 건축비 _
958,000,000 원
(부가세 포함, 산재보험료 포함 /
설계비, 인허가비, 구조계산 설계비 별도)

설계비 _
26,000,000 원 (부가세 포함)

인허가비 _
13,000,000 원 (부가세 포함)

구조계산 설계비 _
13,000,000 원 (부가세 포함)

인테리어 설계비 _
13,000,000 원 (부가세 포함)

건축비 외 부대비용 _
대지구입비, 가구 (싱크대, 신발장, 붙박이장),
기반시설 인입 (수도, 전기, 가스 등),
토목공사, 조경비 등

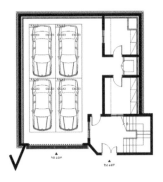

/ B1F PLAN /

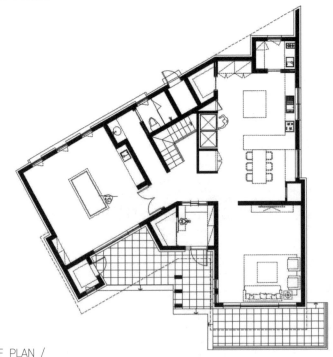

/ 1F PLAN /

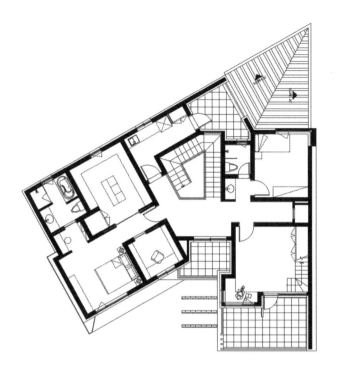

/ 2F PLAN /

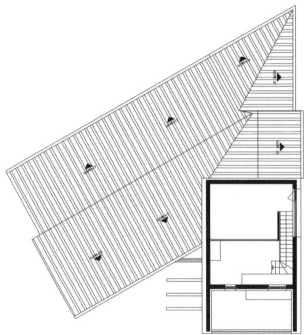

/ Attic PLAN /

| 이동혁 건축가 : | 우리가 흔히 보는 사각형 대지가 아닌, 30도 정도 기울어진 삼각형 모양의 대지입니다. 일반적인 형태의 대지가 아니라서 고민이 많은 프로젝트였습니다. 각 실별로 균등한 채광을 받고 데드스페이스 없는 공간으로 만들기 위해 약 6개월 동안 설계했습니다. 'ㅅ'자 형태로 배치하면서 계단실 등 코어부분을 중심으로 층별 공간계획을 했습니다. 그리 넓은 공간이 아니기에 공용공간과 개인공간을 층별로 분리하고 층별 배치를 다르게 해 평면 자체에서 입면의 입체감과 볼륨감을 자연스럽게 느낄 수 있도록 설계했습니다. |

| 정다운 건축가 : | 애매한 모양의 땅이라고 해서 집이 이상하게 지어질 것으로 판단하는 것은 어리석은 일입니다. 이렇게 어려운 문제를 안고 있는 대지에서 오히려 재밌는 집의 형태와 평면이 나옵니다. 'ㅁ'자형이나 'ㄱ'자형이 아니어도 모든 실이 충분히 균일한 조도와 환기를 가질 수 있습니다. 또한 안정감 있고 균형 있는 디자인을 할 수 있습니다. |

| 임성재 건축가 : | 지하주차장부터 다락까지 총 4층의 높은 규모를 자랑합니다. 일반적인 주택이라기보다 고급주택에 가까운 모델입니다. 총 4개의 방이 있지만 1개는 취미공간으로 구성해 실제 거주 할 수 있는 방은 3개입니다. 다락은 별도입니다. 4인 가족이 생활한다는 가정으로 진행한 프로젝트고 집 내부에서 다양한 활동을 할 수 있게 기획한 설계입니다. |

PART 12

눈 내릴 때의 설레임

첫눈이 내립니다.

"첫눈이 내릴 때 여러분은 어떤 감정을 느끼나요?"

저는 먹먹한 느낌의 설렘을 느낍니다.

단어가 애매하죠?

설렘을 느끼는데 먹먹하다니...

뭔가, 눈이 내리니 기분이 좋고 설레죠.

가슴 속 깊은 곳에서 환희 같은,

어린아이의 순수한 기쁨이 느껴지는데요.

동시에 "아 올해도 이렇게 지나가는구나!"

"올해도 잘 마무리됐으면..."같은 먹먹한 감정도 같이 느낍니다.

저도 나이를 먹긴 먹었나 봅니다.

'젊은 전원주택 트렌드 2'의 마지막 장이에요.

왠지 모르게 마지막이라고 생각하니 글을 쓰는 손을 멈추고 싶지 않네요.

올해도 정말 열심히 달려왔어요.
아마 이 글을 읽고 있는 여러분도 열심히 달려왔을 거라 생각합니다.
겨울은 조금 쉬어도 되는 계절인 것 같아요.
올해도 열심히 달려온 여러분, 너무 앞만 보고 달려가지 말고
가끔은 주위의 가족과 친구를 둘러보는 것을 잊지 마세요.

진짜 마지막입니다.
"여러분 메리 크리스마스 입니다."

모던의 멋스러움을 강조한 귀여리 하우스

: 자녀를 다 키우고, 온전히 두 부부만을 위한 공간을 가진다는 것.

최근 전원주택 트렌드는 부부 중심보다 자녀들에게 마당 있는 집을 주려는 방향으로 발전되어 왔습니다. 당연히 평면구성이나 배치도 아이를 중심으로 계획하고 동선도 아이의 편의를 위해 발전됐습니다.

그런데 저희에게 문의하시는 내용을 읽다 보면, 생각보다 자녀들이 아닌 오로지 은퇴 후 두 부부만을 위한 집을 설계해 달라는 글이 많았습니다.

"청소하기 힘드니 무조건 작게 지어라"

"다리 아프니 단층으로 지어라"

"집에 돈 들일 필요 없어, 비만 새지 않으면 된다."

주위에서 들려오는 이런 목소리에 부정할 수 없습니다. 틀린 말이 아니거든요.

단, 이 조건들에 한 가지 빠진 점이 있습니다. 바로 각자 살아온 환경이 다르다는 것입니다.

50평이 넘는 아파트에 살다가 20평 주택에 살려면, 죄송하지만 답답해서 못삽니다. 거실과 주방이 아주 작거든요.

집은 각자 개인마다 원하는 공간 스케일과 배치가 완전히 다릅니다. 집을 짓는 일은 생에 한 번 있는 꽝장한 이벤트일 것입니다. 다른 사람의 말을 참고할 수 있지만 그 말에 빠져있을 필요는 없습니다.

"남 눈치 보지 말고 원하는 대로 지으세요."

누가 뭐라고 하든 내 마음에 드는 집이 최고의 집입니다. 남 눈치 보느라 원하는 집을 짓지 못하는 분이 계시는데, 그 집은 남이 살 집이 아닙니다. 건축주님이 최소 10년, 20년 이상 살아야 할 집입니다. 원하는 예산 안에서 원하는 모든 것을 담아내어 짓길 바랍니다.

두 부부를 위한 집인데 56평입니다. 심지어 1층에는 방이 없습니다.

처음으로 평면을 제안할 때 건축주님이 당황하셔서 저희를 봤습니다. 그래도 독특하게, 그동안 보지 못한 집을 지어야겠다는 생각으로 끝까지 완성했습니다. 1층은 손님을 맞기에 불편하지 않은 공용공간으로, 2층은 독립적으로 각자가 개인생활을 할 수 있는 공간으로 구성했습니다. 집 안에 카페가 있는 재밌는 상상에 넓은 조망창과 다목적 발코니까지.

비가 오든 눈이 오든 실내에서 모든 취미생활을 즐길 수 있는 집입니다.

마지막 총평은 이 문장으로 하겠습니다.

"뭘 좋아할지 몰라 다 넣어봤어!!"

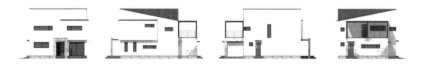

#모던의정석 #군더더기없는디자인 #박스형디자인 #화이트의매력 #카페가있어요

모던의 멋스러움을 강조한 귀여리 하우스

HOUSE **PLAN**

공법　　: 경량목구조
건축면적 : 186.45 m²
1층 면적 : 102.45 m²
2층 면적 : 84.00 m²

지붕마감재 : 아스팔트싱글
외벽마감재 : 스타코플렉스
포인트자재 : 파벽돌
벽체마감재 : 실크벽지
바닥마감재 : 강마루
창호재 : 미국식 + 독일식 3중 시스템창호

예상 총 건축비 _
330,000,000 원
(부가세 포함, 산재보험료 포함 /
설계비, 인허가비, 구조계산 설계비 별도)

설계비 _
8,400,000 원 (부가세 포함)
인허가비 _
5,600,000 원 (부가세 포함)
구조계산 설계비 _
5,600,000 원 (부가세 포함)
인테리어 설계비 _
5,600,000 원 (부가세 포함)

건축비 외 부대비용 _
대지구입비, 가구 (싱크대, 신발장, 붙박이장),
기반시설 인입 (수도, 전기, 가스 등),
토목공사, 조경비 등

/ 1F PLAN /

/ 2F PLAN /

이동혁 건축가 :   말 그대로 군더더기 없는 주택입니다. 하얀색 스타코플렉스로 마감하고 최소한의 포인트를 적용했습니다. 박스형 입면에 매스가 주는 본질적인 청초한 이미지를 가져가면서 완성한 이번 주택은 숲이라는 자연 속에 원래 있었던 듯 자연과의 공존과 호흡을 가장 중요하게 생각하며 완성한 주택입니다.

정다운 건축가 :   이 집은 퇴직 후, 노후를 보내기 위한 공간으로 설계했습니다. 두 분이 거주한다는 조건으로 공간을 배치했습니다. 1층은 완벽한 공용공간으로 손님을 맞는 곳이며, 2층은 온전한 개인생활을 할 수 있도록 취미공간과 안방공간 존으로 구성했습니다.

임성재 건축가 :   2층 카페에서 발코니로 이어지는 동선 라인이 매력적입니다. 카페에 외부 조망창을 길게 내어 비와 눈이 오는 모든 환경을 집 안에서 볼 수 있도록 설계했습니다. 2층 발코니를 6평 이상 만들어 온실 및 다목적 공간으로 활용 할 수 있습니다. 이 집은 사모님과 사장님의 취미공간을 완벽하게 구분했습니다. 음악 듣기를 좋아하는 사장님을 위해 시청각실을, 커피와 가벼운 다과를 즐기는 것을 좋아하는 사모님을 위해 카페공간을 만들고 작업실과 다목적 공간인 발코니까지 만들어 그동안 봤던 평면과는 완전히 다른 주택구성이 됐습니다. 자녀를 위한 공간이 아닌 두 부부를 위한 공간으로 계획한 이번 주택, 노후를 즐기고 싶은 분은 이번 주택 설계를 잘 참고하면 많은 도움이 될 것입니다.

미국st 클래식함을 담아내다

: 최근 전원주택 스타일을 대표하는 모던 스타일과 북유럽 스타일. 하지만 한국의 전원주택 시장의 시작은 미국 스타일의 클래식 전원주택이었다는 것을 모르는 분이 많습니다.

박공지붕에 갈색톤 외벽마감, 오밀조밀 모여있는 느낌의 지붕디자인. 아마 20년 전에 지어진 별장이나 단독주택을 자세히 보면 이런 미국 스타일의 클래식한 집이 많이 보일 것입니다.

전원주택을 짓는 연령이 낮아지며 조금 더 단순하면서도 나만의 개성을 표현할 수 있는 집으로 시장 트렌드가 바뀌었습니다. 하지만 이 미국 스타일의 클래식함을 좋아하는 분들은 아직도 박공지붕이 겹겹이 쌓인 느낌을 찾고 있습니다.

이번 월간 홈트리오 12월 두 번째 기획모델은 미국에 와 있는 느낌을 받을 수 있는 미국 스타일 클래식 전원주택입니다.

미국스타일이 뭐냐고 물어보시면 두 가지 큰 특징으로 설명할 수 있는데요. 첫 번째는 높은 각도의 뾰족한 박공지붕이고 두 번째는 엇갈려 있는 듯한 느낌의 매스와 안정감 있는 처마 라인 입니다.

물론 한국에서 짓는 집도 위와 같은 특징을 가진 집이 많습니다. 단지 전체적인 분위기를 어떻게 완성하는지가 관건이겠죠.

넓은 대지에 웅장하면서도 원래 그 자리에 있었던 듯한 느낌, 가볍지 않고 고즈넉함의 풍류가 맴도는 기분.
"죄송합니다. 저희도 글로 설명하려니 어렵네요."

편하게 생각하세요. 모던, 북유럽, 이런 스타일을 제외하고 전원주택의 가장 대중성 있는 모델의 시작이 바로 미국 스타일 주택이었습니다.

너무 젊은 느낌은 싫고 주황빛의 북유럽 기와도 싫으신 분은 그 중간인 이번 주택처럼 짓는 것이 어떨까요?

물론 집에는 답이 없습니다.
"내가 만족하고 행복하면 그게 최고의 집입니다."

저희가 드리는 제안은 조언일 뿐 꼭 이대로 지으라는 이야기가 아닙니다. 그렇기 때문에 여러분이 짓는 생에 첫 집은 각 모델의 장점을 골라 담은 그런 집이 되길 바랍니다.

#정통미국스타일 #박공지붕의매력 #분위기짱 #클래식함의정석 #비샐틈없는지붕설계

미국st 클래식함을 담아내다

HOUSE **PLAN**

공법 : 경량목구조
건축면적 : 160.92 m²
1층 면적 : 101.78 m²
2층 면적 : 59.14 m²

지붕마감재 : 아스팔트싱글
외벽마감재 : 스타코플렉스
포인트자재 : 인조석
벽체마감재 : 실크벽지
바닥마감재 : 강마루
창호재 : 미국식 3중 시스템창호

예상 총 건축비 _
291,200,000 원
(부가세 포함, 산재보험료 포함 /
설계비, 인허가비, 구조계산 설계비 별도)

설계비 _
7,350,000 원 (부가세 포함)

인허가비 _
4,900,000 원 (부가세 포함)

구조계산 설계비 _
4,900,000 원 (부가세 포함)

인테리어 설계비 _
4,900,000 원 (부가세 포함)

건축비 외 부대비용 _
대지구입비, 가구 (싱크대, 신발장, 붙박이장),
기반시설 인입 (수도, 전기, 가스 등),
토목공사, 조경비 등

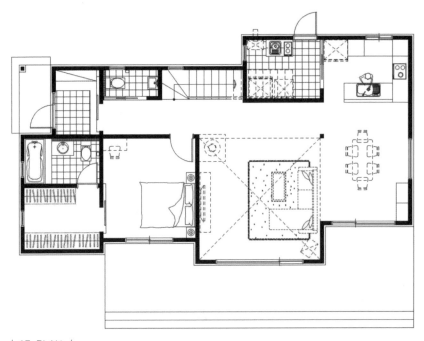

/ 1F PLAN /

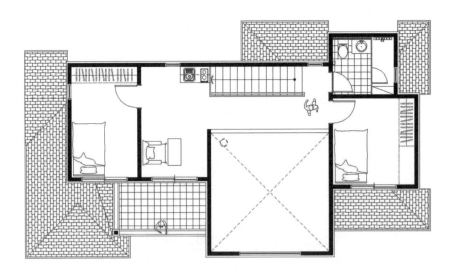

/ 2F PLAN /

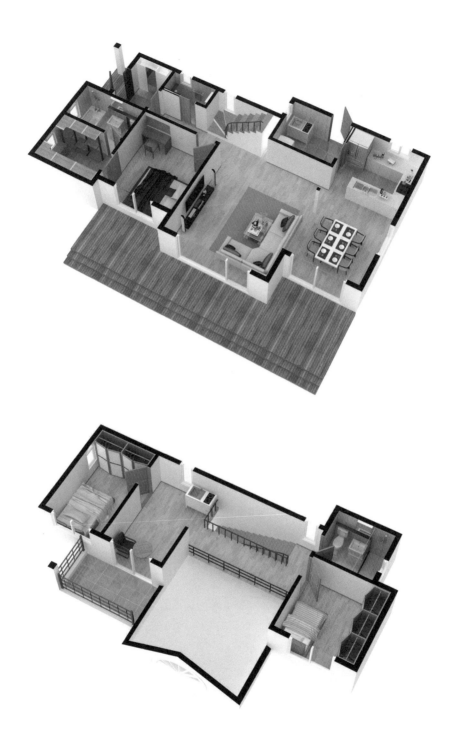

이동혁 건축가 : 4인 가족에게 맞춘 평면입니다. 49평의 넉넉한 공간에 전원주택이 갖는 개방감과 여유를 만끽 할 수 있게 설계했습니다. 거실과 주방을 하나의 큰 공간으로 오픈하되 요리를 할 수 있는 싱크대와 개수대는 다용도실 안쪽으로 살짝 들어가게 만들어서 현관에 진입했을 때 보이지 않도록 자연스럽게 계획했습니다. 주방과 식당, 외부 데크로 이어지는 동선은 이제 필수입니다. 큰 창을 배치해 외부로 이동하는 것이 불편하지 않게 했고, 항상 밝고 쾌적한 주방을 만들려고 노력했습니다.

정다운 건축가 : 자녀를 위한 2층에 독립성을 유지하면서 가벼운 다과를 즐길 수 있는 작은 가족실을 만들었습니다. 자녀 방에 붙박이장은 필수입니다. 전원주택은 생각보다 수납공간이 많이 없습니다. 방에는 이불을 보관하고 옷을 걸 수 있는 붙박이장을 꼭 만들어야 하고 면적이 남는다면 넓은 드레스룸이나 팬트리 등 수납공간을 만드는 것이 좋습니다.

임성재 건축가 : 뾰족한 박공지붕 디자인은 최근 한국에서 보기 힘들어졌습니다. 한국은 보통 지붕경사도가 이번 주택처럼 가파르지 않습니다. 물이 빠질 수 있는 약간의 경사만 주면서 지붕을 디자인합니다. 미국은 환경적 요인 등의 이유로 지붕고를 높게 올려 한국보다 가파르게 디자인합니다. 예쁘게 만들기 위해서라기보다 나라별 환경에 맞게 지붕 디자인이 발전했다고 보는 것이 맞습니다. 비와 눈이 많이 내리는 지역일수록 지붕의 경사는 가파르고 뾰족해집니다.
미국에 있는 듯한 느낌의 이미지를 구현하기 위해 이처럼 미국 주택의 지붕 디자인을 적용했고, 여러개의 지붕라인을 잡아, 작지만 커 보이는 주택 매스를 만들었습니다.

숲과 호흡하다

: "뭘 좋아할지 몰라서 다 넣어봤어요."

'종합 선물세트'라는 이름이 어울리는, 월간 홈트리오 12월 세번째 모델을 발표합니다.

2019년, 1년간의 긴 프로젝트를 마무리하는 모델입니다.

월간홈트리오는 전원주택 트렌드를 선도해 나가겠다는 나름 큰 포부를 담아 2018년 1월부터 시작했습니다. 다양한 콘셉트의 기획과 아이디어로 그동안 상상 속에 존재했던 집을 현실화하면서 저희도 생각지 못한 멋진 집과 재밌는 모델의 설계를 했습니다.

매달 새로운 기획을 발표하는 것은 정말 고되고 힘든 일이었습니다. 그런데 또 1년의 세월을 거쳐 이렇게 2019년 마지막 월간홈트리오를 발표하고 있으니 감회가 새롭습니다.

"정말 작은 집을 설계해볼까? 아니면 실용성이 강조된 집으로 할까?"

2019년의 마지막을 빛낼 모델을 선정하기 위해 약 보름 동안 3, 4개의 기획안을 놓고 많이 고민했습니다.

그리고 저희 셋이 내린 최종 결론은 "종합 선물세트처럼 그동안 건축주님이 요청했던 모든 아이템을 다 넣어보자!"였습니다.

뭘 좋아할지 몰라 다 넣은 재미있고 알찬 집.

월간 홈트리오 12월 세 번째 모델이 바로 그런 알차고 재밌는 집입니다.

2층 목조주택 그리고 꿈의 공간, 다락. 완벽한 단열을 갖춘 친환경 주택을 기본으로 도시에도 어울릴 수 있도록 모던하게 디자인하고, 외벽 오염을 최소화 할 수 있는 처마와 다양한 각도로 입체감을 살려주는 지붕디자인 그리고 1층의 온실. 원래는 포치 공간으로 만들었지만 폴딩도어를 설치해서 겨울에는 실내로, 여름에는 실외로 다목적 활용이 가능한 공간으로 설계했습니다.

평면은 'ㄱ'자형 배치를 기반으로 긴 복도에 수납공간을 만들고 복도를 지나면 탁 트인 주방과 거실을 만날 수 있습니다. 창을 정말 많이 설치했습니다. 어느 공간이든 밝은 햇살을 받을 수 있도록 했고, 앞뒤로 모두 창을 내어 자연환기도 수월하게 했습니다.

이 집은 2세대가 함께 사는 형태로 공간을 구성했습니다.
1층은 부모님이, 2층은 자녀가 살 수 있도록 했고 추가로 다락까지 총 5개의 방을 만들어서 대식구도 각자의 방에서 생활 할 수 있습니다.
참고로 화장실도 3개입니다. 2세대의 인원 구성은 적어도 6인 이상입니다. 2개의 화장실은 부족하기 때문에 2세대 이상이나 60평 이상의 주택은 3개의 화장실을 구성합니다.

지붕과 처마 그리고 매스적으로 많이 돌출되고 꺾이는 등 입체감과 볼륨감을 줄 수 있는 디자인을 요소요소에 적용했습니다. 자칫 어지러울 수 있는 부분이 있어 외장재의 포인트 색상을 최대한 자제했으며, 총 2개 정도의 포인트로만 전체 디자인을 이끌어 나갔습니다.

화이트톤 스타코플렉스로 기본 외장을 마감하고 온실과 2층 발코니에 포인트를 줘 무게감을 잡아 줄 수 있는 집을 만들었습니다.

#2세대전원주택 #자녀와함게살다 #모던스타일 #넓은거실과주방 #숲을느끼다

숲과 호흡하다

HOUSE **PLAN**

공법　　　 : 경량목구조
건축면적 : 222.39 m²
1층 면적 : 122.55 m²
2층 면적 : 74.64 m²
다락 면적 : 25.20 m²

지붕마감재 : 아스팔트슁글
외벽마감재 : 스타코플렉스
포인트자재 : 파벽돌, 루나우드, 인조석
벽체마감재 : 실크벽지
바닥마감재 : 강마루
창호재 : 미국식 + 독일식 3중 시스템창호

예상 총 건축비 _
424,100,000 원
(부가세 포함, 산재보험료 포함 /
설계비, 인허가비, 구조계산 설계비 별도)

설계비 _
10,050,000 원 (부가세 포함)

인허가비 _
6,700,000 원 (부가세 포함)

구조계산 설계비 _
6,700,000 원 (부가세 포함)

인테리어 설계비 _
6,700,000 원 (부가세 포함)

건축비 외 부대비용 _
대지구입비, 가구 (싱크대, 신발장, 붙박이장),
기반시설 인입 (수도, 전기, 가스 등),
토목공사, 조경비 등

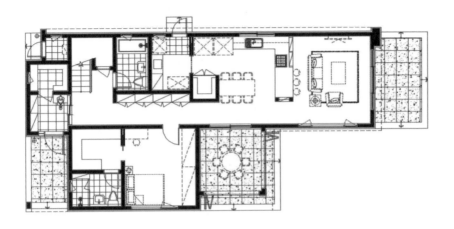

/ 1F PLAN /

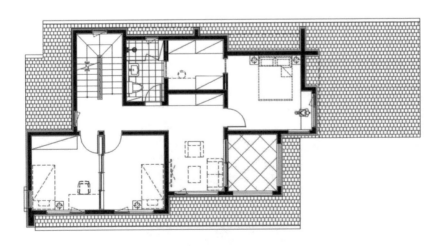

/ 2F PLAN /

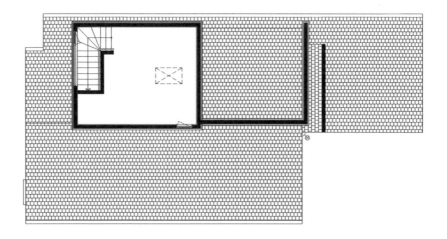

/ Attic PLAN /

이동혁 건축가 :   전원주택을 설계할 때, 거실과 주방의 개방감은 무조건 1순위입니다.
탁 트인 개방감과 항상 밝은 남향의 햇볕이 집 안 곳곳에 항시 드는 집.
쪼개기보다는 하나의 공간으로 구분하고 이어지는 동선에 외부 데크 및
포치 등과 연결해준다면 내부 공간만으로 끝나는 것이 아닌 외부의 마당
까지 하나의 넓은 공간처럼 인지될 것입니다.

정다운 건축가 :   외장재에만 너무 치중해 전체의 매스 디자인을 소홀히 하는 분이 있
는데요. 집이 묵직하고 입체감이 있으려면 애초에 볼륨감 있게 설계해야
합니다. 이번 주택은 2가지 정도의 포인트만 사용해 마감해 건축비는 줄
이면서 지붕과 처마 디자인 그리고 외부 입체감을 극대화하는 설계를 진
행해 가성비 높은 유니크한 주택으로 완성했습니다.

임성재 건축가 :   방식의 차이이지, 독일식 창호라고 해서 독일에서 만드는 것이 아니
에요. 미국식은 옆으로만 열리고 독일식은 틸팅 기능이 더 있는 방식입
니다. 부속이 더 들어가다 보니 독일식 시스템 창호가 더 비쌉니다. 모든
창을 독일식으로 하는 것은 낭비예요. 옆으로만 열려도 충분한 공간은
미국식 창호를 사용해서 건축비를 낮춰야 합니다.

55평, 차 한 잔의 여유

: "박공지붕과 외쪽지붕 다 싫고, 비싼 외장재를 사용하지 않고도 독특하게 디자인할 수 없을까?"라는 고민에서 시작한 프로젝트. 기획모델이기 때문에 시도할 수 있었던 설계안으로, 볼륨감과 입체감만으로 충분히 집이 빛날 수 있다는 것을 보여주는 주택입니다.

모던스타일은 박스형 입면에 뒷쪽으로 외쪽지붕을 두고, 북유럽 스타일은 모임지붕이나 박공지붕에 기와를 올려야 한다는 고정관념이 제 머릿속에 자리했던 것 같습니다. 100채가 넘는 집을 설계하고 시공하다 보니 자연스럽게 생긴 고정관념, 솔직히 이게 고정관념인지도 모르고 설계를 했습니다.

고정관념이 신념으로 바뀌고 그 신념이 아집으로 바뀌는 순간 "아! 이게 정말 답인가?" 하는 의문이 생겼습니다. 당연히 설계에 정답은 없죠. 하자가 안 생기는 설계는 있을 수 있지만 무조건 이게 답이라는 것은 고정관념입니다.
제한된 법규도 없어 다양한 아이디어로 시도해 볼 수 있는 기획설계인데, 저도 모르게 제약을 두고 한정적인 설계를 했던 것 같습니다.

이번 주택에서는 그 제약을 많이 벗어나려 했습니다. 무조건 비싼 외장재를 사용해야 고급스러워 보일 것이라는 생각에서 벗어나려 했고 4면 어디에서 봐도 입체감과 볼륨감을 느낄 수 있는 디자인을 하려고 했습니다.

일반적인 설계에서 포치나 발코니에 많은 공간을 주지 않습니다. 시공비가 많이 들어가기 때문이죠. 내부공간이 아닌 처마의 연장선으로 보이는 포치에는 대부분의 건축주님이 돈 들이기를 싫어합니다. 저 또한 비용이 부담되기 때문에 예산을 넘길 것 같으면 제일 먼저 이 부분을 삭제합니다.

하지만 입체감을 준다는 것은 전면부에 뭔가 튀어나와 있다는 것을 뜻하는데요. 이번 주택에선 2층 발코니와 1층 포치에 많은 공간을 줘서 특별한 포인트 자재를 사용하지 않고도 볼륨감과 독특함을 강조했습니다.

이번 주택은 평면도 독특합니다. 4개의 방 중 안방을 2층에 둬서 2층 전체를 온전히 안방존으로 활용 할 수 있게 했습니다. 개인적인 공간을 만드는 가장 효과적인 방법은 층을 분리하는 것입니다. 다리가 아프다는 이유로 2층을 기피하는 분이 계신데, 건강하시다면 이번 층간 분리 방법을 적용해 보는 것도 나쁘지 않습니다.

거실과 주방, 식당공간이 각자의 공간을 가지고 영역성을 펼치고 있는 것을 볼 수 있는데 55평이라는 큰 평수의 주택으로 설계했기 때문에 공간을 분리해도 답답함을 느끼지는 않을 것입니다. 30평 주택을 이렇게 설계하면 굉장히 답답할 수 있으니 소형평수를 고민 중이신 분은 이번 주택 설계를 참고하면 안 됩니다.

#유니크디자인 #랜드마크 #도심형전원주택 #유니크한평면 #2층에안방

55평, 차 한 잔의 여유

HOUSE **PLAN**

공법   : 경량목구조
건축면적 : 182.27 m²
1층 면적 : 122.17 m²
2층 면적 : 60.10 m²

지붕마감재 : 리얼징크
외벽마감재 : 스타코플렉스
포인트자재 : 세라믹사이딩, 인조석
벽체마감재 : 실크벽지
바닥마감재 : 강마루
창호재 : 미국식 3중 시스템창호

―――――――――――

예상 총 건축비 _
348,000,000 원
(부가세 포함, 산재보험료 포함 /
설계비, 인허가비, 구조계산 설계비 별도)

설계비 _
8,250,000 원 (부가세 포함)

인허가비 _
5,500,000 원 (부가세 포함)

구조계산 설계비 _
5,500,000 원 (부가세 포함)

인테리어 설계비 _
5,500,000 원 (부가세 포함)

건축비 외 부대비용 _
대지구입비, 가구 (싱크대, 신발장, 붙박이장),
기반시설 인입 (수도, 전기, 가스 등),
토목공사, 조경비 등

/ 1F PLAN /

/ 2F PLAN /

이동혁 건축가 :
드디어 해보고 싶었던 설계를 해봤습니다. 2층을 온전히 안방존으로 만드는 것은 그동안 적용하기 어려웠는데 기획모델이라 과감히 적용했습니다. 젊은 분은 이번 주택 평면을 꼭 한 번 시도해 봤으면 좋겠습니다. 프라이빗한 공간을 만드는 가장 완벽한 방법은 이번 주택처럼 완벽하게 층간 분리해서 시각을 차단하는 것입니다.

정다운 건축가 :
이번 주택에 사용한 포인트 외장재는 크게 2가지입니다. 붙이는 방식의 인조석과 세라믹 사이딩. 재질이 다른 무채색톤의 두가지 인조석을 사용했고, 세라믹사이딩은 어두운 그레이 톤 한 가지를 사용했습니다. 색감은 맞추되 각 부위에 재질이 다른 포인트 자재를 사용해 각 면이 독특한 개성을 갖게 했습니다. 이번 주택처럼 재질이 다른 자재를 혼합 사용하는 것만으로 훨씬 입체감이 느껴지는 주택을 만들 수 있으며 동시에 무게감 있는 분위기를 만들 수 있습니다.

임성재 건축가 :
지붕재에 대한 고민이 많겠지만 사실 지붕에 적용할 수 있는 마감자재는 아스팔트슁글, 리얼징크 그리고 기와 딱 3가지로 압축됩니다. 지붕재를 고르는 조건은 여러 가지가 있겠지만 예산에 맞추고 만약 예산을 넘는다면 무리하지 말고 무채색의 아스팔트슁글로 하세요. 리얼징크나 기와는 비쌉니다. 보통 40평대 주택에 기와를 올리면 2천만 원 초반의 시공비가 듭니다. 절대 적은 금액이 아니죠. 지붕재로 방수와 단열을 한다고 많이 생각하는데 절대 그렇지 않습니다. 방수층과 단열층은 별도로 존재합니다. 각 자재의 두께와 강도에 따라 성능이 달라질 수 있지만, 여러분은 기억하셔야 합니다. 지붕재의 선택은 오로지 취향이라는 것을 말입니다.

hiddenpa

에필로그

1년이라는 긴 시간.

그리고 많은 사람의 노고가 담긴 장기 프로젝트의 완성.

그 완성품을 담아내는 이 책의 마지막은 바로 지금 쓰고 있는 에필로그가 될 것 같습니다.

다양한 콘셉트와 아이디어로 전원주택이라는 작지만 큰 건축파트의 한 축을 트렌드 하게 제시한다는 것이 생각보다 쉬운 일은 아니었던 것 같습니다. 응원해 주시고 격려해 주시는 분들이 계셨지만, 오히려 전원주택의 본질적인 핵심을 해치는 설계안이라는 말들도 많았습니다.

저희는 모든 분의 의견을 겸허히 수렴하고자 합니다. 항상 말하듯 절대로 저희가 정답이라고 생각하지 않습니다. 다만 전원주택이라는 분야가 정보가 너무 없고, 또 불명확한 내용이 마치 진실인 양 떠돌아다니는 것들을 어느 정도 정리하고 문제점들을 해결해 나가 보자 하는 취지에서 시작되었던 프로젝트라 생각해 주시면 좋을 것 같습니다.

항상 책을 마무리할 때마다 다양한 감정이 몰려오는 것 같습니다.

"올해도 무사히 마쳤구나."

"이 책이 정말로 꿈을 이루고자 하는 분들에게 도움이 될 수 있는 시작점이 되었으면 좋겠구나"

많이 고민하면서 하나하나씩 만든 전원주택 기획안들.

어찌 보면 여러분들이 생각하고 계셨던 주택의 이미지들이 하나도 없을 수도 있을 거에요. 하지만 분명히 약속드릴 수 있는 것은 이 기획안들이 앞으로도 주택 시장에 하나의 트렌드로 자리 잡을 수 있는 그 시작점이자 시발점이 될 수 있을 거라는 것입니다.

집을 설계하고 지을 때 건축주님들께 항상 이야기합니다.
"겉멋 드는 것을 경계하세요."
"집 짓기의 가장 기본인 단열과 방수를 우선 생각하세요"
"디자인보다 하자가 덜 발생할 수 있는 설계를 하세요."
"외장재 비용을 아껴 차라리 좋은 싱크대를 사모님께 하나 선물하게요."

집은 과시의 대상이 절대로 아닙니다. 여러분들도 아시죠?
어느 순간 옆집 보다 높게 지어야 하고 옆집 보다 더 좋은 외장재를 사용해야 하고 그러다가 내 예산 넘어가고...

"괜찮나요?"
"저는 괜찮아요. 해달라는 대로 다 해드릴 수 있어요."
하지만 하나만 기억하세요. 건축주님들 하나하나 욕심을 낼 때마다 건설회사들은 부자가 된다는 것을요. 저 부자로 안 만들어 주셔도 괜찮아요.

"아끼세요"
그리고 정말로 집을 짓기 시작할 때의 초심을 꼭 기억하세요.
내 몸 하나 뉠 곳이 필요해서 시작했던 집짓기. 어찌 보면 그 초기의 생각이 가장 정답일 수 있다는 것을요.

홈트리오(주)
이동혁 건축가, 임성재 건축가, 정다운 건축가 올림

젊은
전원주택
트렌드 2

월간홈트리오 7월 2호

숲 향기를 머금다

월간홈트리오 9월 1호

봄기운에 안기다

젊은
전원주택
트렌드 2